前沿科技视点丛书
QIANYAN KEJI SHIDIAN CONGSHU

汤书昆　主编

LIANGZI KEJI

量子科技

张新定　编著

U0155562

SPM 南方出版传媒
全国优秀出版社　全国百佳图书出版单位　广东教育出版社
·广州·

图书在版编目（CIP）数据

量子科技 / 张新定编著 . — 广州：广东教育出版社，2021.12

（前沿科技视点丛书 / 汤书昆主编）

ISBN 978-7-5548-4076-4

Ⅰ.①量…　Ⅱ.①张…　Ⅲ.①量子论—青少年读物　Ⅳ.①O413-49

中国版本图书馆CIP数据核字（2021）第105341号

出 版 人：朱文清
项目统筹：李朝明
项目策划：李敏怡　李杰静
责任编辑：李浩奇
责任技编：佟长缨
装帧设计：邓君豪

量子科技
LIANGZI KEJI

广东教育出版社出版发行
（广州市环市东路472号12-15楼）
邮政编码：510075
网址：http://www.gjs.cn
广东新华发行集团股份有限公司经销
佛山市浩文彩色印刷有限公司印刷
（佛山市南海区狮山科技工业园A区）
787毫米×1092毫米　32开本　4.25印张　85 000字
2021年12月第1版　2021年12月第1次印刷
ISBN 978-7-5548-4076-4
定价：29.80元

质量监督电话：020-87613102　邮箱：gjs-quality@nfcb.com.cn
购书咨询电话：020-87615809

丛书编委会名单

顾　　问：董光璧

主　　编：汤书昆

执行主编：杨多文　李朝明

编　　委：（以姓氏笔画为序）

丁凌云　万安伦　王　素　史先鹏　朱诗亮　刘　晨

李向荣　李录久　李树英　李晓明　杨多文　何建农

明　海　庞之浩　郑　可　郑　念　袁岚峰　徐　海

黄　蓓　黄　寰　蒋佃水　戴松元　戴海平　魏　铼

本书作者名单

颜　辉　张新定　杜炎雄　张善超　周　涛

前　言

　　自2020年起，教育部在北京大学、中国人民大学、清华大学等36所高校开展基础学科招生改革试点（简称"强基计划"）。强基计划主要选拔培养有志于服务国家重大战略需求且综合素质优秀或基础学科拔尖的学生，聚焦高端芯片与软件、智能科技、新材料、先进制造和国家安全等关键领域以及国家人才紧缺的人文社会学科领域。这是新时代国家实施选人育人的一项重要举措。

　　由于当前中学科学教育知识的系统性和连贯性不足，教科书的内容很少也难以展现科学技术的最新发展，致使中学生对所学知识将来有何用途，应在哪些方面继续深造发展感到茫然。为此，中国科普作家协会科普教育专业委员会和安徽省科普作家协会联袂，邀请生命科学、量子科学等基础科学，激光科技、纳米科技、人工智能、太阳电池、现代通信等技术科学，以及深海探测、探月工程等高技术领域的一线科学家或工程师，编创"前沿科技视点丛书"，以浅显的语言介绍前沿科技的最新发展，让中学生对前沿科技的基本理论、发展概貌及应用情况有一个大致了解，以强化学生参与强基计划的原动力，为我国后备人才的选拔、培养夯实基础。

本丛书的创作，我们力求小切入、大格局，兼顾基础性、科学性、学科性、趣味性和应用性，系统阐释基本理论及其应用前景，选取重要的知识点，不拘泥于知识本体，尽可能植入有趣的人物和事件情节等，以揭示其中蕴藏的科学方法、科学思想和科学精神，重在引导学生了解、熟悉学科或领域的基本情况，引导学生进行职业生涯规划等。本丛书也适合对科学技术发展感兴趣的广大读者阅读。

本丛书的出版得到了国内外一些专家和广东教育出版社的大力支持，在此一并致谢。

中国科普作家协会科普教育专业委员会
安徽省科普作家协会
2021年8月

目　录

第一章　量子简史

　　19世纪中期，经典物理学已经建立了完整的理论体系，在应用上也取得了巨大成就。然而，人们陆续发现一系列经典物理学难以解释的实验事实，这些新发现的事实与经典物理学的基本概念和规律存在无法调和的矛盾，从而揭开了现代物理学革命的序幕。1900年，普朗克提出了能量子概念，解决了黑体辐射问题。随后，爱因斯坦提出了光量子假说，解释了光电效应。1913年，玻尔运用量子化概念，成功解释了氢原子光谱。之后，经过德布罗意、海森堡、薛定谔、玻恩、狄拉克等人的开创性工作，形成了完备的量子力学理论，使之与相对论共同成为现代物理的两大理论支柱。

1.1
量子的诞生

两朵乌云的故事

19世纪中期，经典物理学已达到辉煌的顶峰，建成了一个包括力、热、声、电、光等学科在内的、宏伟完整的理论体系。特别是它的三大支柱——经典力学、经典电动力学、经典热力学和统计力学已臻于成熟和完善，不仅在理论的表述和结构上十分严谨和完美，而且它们所蕴含的十分明晰和深刻的物理学基本观念，对人类的科学认识也产生了深远的影响。在当时看来，几乎一切的自然现象，都可以在物理学理论的框架得以描述，物理学的大厦已经接近完工，重要的物理原理都已经被发现，未来的物理学无非是将这些原理应用到种种现象上去。

19世纪中后期，有相当多的物理学家具有这样过分乐观的情绪，经典电磁理论的创始人、统计物理的奠基人之一麦克斯韦于1871年在剑桥大学就职演说中提道："在未来几年中，所有重要的物理常数将被近似估算出来，给科学界人士留下的只是提高这些常数观测值的精度。"德国物理学家普朗克在读大学期间，他的导师冯·约甲教授也劝说他不要将时间浪费在物理上，约里教授这样说道："物理学是一门高度发展的、几乎尽善尽美的科学。也许某个角落里还有一粒尘屑或一个小气泡，可以去进行研究和分类，但是，作为一个完整的体系，那是建得足够牢固的；理论物理学正明显地接近于如几何学在数百年中所具有的那样完善的程度。"

19世纪末，经典物理学和实验的矛盾却越来越突出。在世纪之交的1900年，英国著名物理学家开尔文在英国皇家学会发表了题为《在热和光动力理论上空的19世纪乌云》的演讲中说到，动力学理论推断热和光都是运动的形式，这一理论是优美且明确的，但是现在，它却被两朵乌云遮盖得黯然失色。这"两朵乌云"的比喻在科学史上非常有名。其中，第一朵"乌云"指的是迈克尔孙-莫雷实验。这个实验是历史上著名的一个"失败的实验"，其本意是利用地球公转来探测以太（19世纪，人们假想的电磁波的传播媒介）相对于地球的速度。但是，实

◆开尔文（1824—1907）

3

验结果却否定了以太的存在，得出了光速不变的结论，挑战了经典物理学的时空观。第二朵"乌云"指的是能量均分定理（热平衡时，能量被等量分到各种形式的运动中）在解释气体比热问题上和实验的不一致。开尔文认为，拨开第二朵"乌云"最简单的途径就是否认能量均分这一结论。

开尔文非常睿智且有远见，但他当时也万万不会想到，他提到的这两朵"乌云"，对物理学意味着什么。这两朵当时不起眼的乌云，即将带来一场倾覆经典物理学大厦的前所未有的暴风雨，第一朵"乌云"给我们带来了相对论，第二朵"乌云"则带来了本书的主角——量子力学。

黑体辐射颠覆经典

自然界中的物体，只要温度在绝对零度（-273.15℃）以上，就会以电磁波的形式（热和光都是一种电磁波）时刻不停地向外传送能量，这种传送能量的方式被称为辐射。德国物理学家基尔霍夫在研究热辐射现象时，提出了绝对黑体的理想化概念：如果一个物体能够吸收外来的全部电磁辐射，并且不会有任何的反射与透射，那么这个物体就是绝对黑体。黑体的辐射能量取决于温度。19世纪后期，随着德国工业的崛起，黑体辐射问题和当时工业界关注的许多技术难题密切相关。比如，一个灯泡在什么温度下发光效率最高？炼钢的时候，炉火的颜色和温度是什么关系？而炼钢炉上开一个观察用的小孔，恰好等效于一个理想的黑体。这一思路来自1895年德国物理学家维恩和卢默尔的论文——检验完全黑体辐射定律的方法。在论文中，他们提出一个带有小孔的空腔是一个等效的黑体模型。当光从外面射入小孔后，经腔壁多次反射后会被吸收，从小孔射出的概率可以忽略不计。当空腔受热后，小孔会自行发热发光，发射光谱表现出黑体一样的特征。这样，人们可以通过对小孔发出的光谱进行精确测量来研究黑体辐射现象。

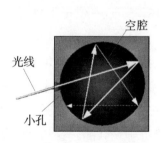

◆ 等效黑体

　　1893年，维恩提出，绝对黑体的温度与辐射本领最大值相对应的波长λ的乘积为一常数，所以，当绝对黑体的温度升高时，辐射本领的最大值向短波方向移动。这被称为维恩位移定律。维恩并没有满足于这一定性的结论，后来他在严格的推导基础上，进一步得到了辐射能量的分布公式，即维恩公式。维恩公式是后来普朗克进一步研究的出发点，其在波长较短的时候，理论和实验符合得很好，但是在1896年，实验物理学家鲁本斯和库尔班发明了一种测量长波的新方法，能在更大的范围研究黑体辐射实验现象。在长波时，维恩公式和实验有较大的偏差。理论上得出辐射能量和温度无关，实验测量的结果却显示辐射的能量在长波高温时和温度成正比。

19世纪末，人们已经认识到辐射出的光和热都是电磁波。1900年，英国物理学家瑞利从麦克斯韦的电磁理论出发，推导出了辐射的能量密度公式。1905年，另一位英国物理学家金斯在瑞利工作的基础上，结合电磁理论和统计力学的能量均分定理，严格地推导出了辐射能量密度公式，这个公式被称为瑞利-金斯公式。瑞利-金斯公式在长波时和实验符合得很好，但是，在短波时（即频率很大的时候），能量是趋近于无穷的，这和实验结果差别很大，且能量密度趋近于无穷大在物理上显然是不合理的。但是，从经典理论的角度来看，这个公式经过严格的推导，逻辑严密性无懈可击。这一结果对当时的物理学家打击非常大，由于主要的问题出现在短波，即可见光的紫外段，所以后来被物理学家埃伦费斯特称为紫外灾难。

普朗克开启了量子之门

普朗克从1894年开始从事黑体辐射的理论研究，最初他以维恩公式作为出发点，他假设空腔里的电磁辐射是一种电磁谐振子，并运用麦克斯韦电磁理论重新推导出维恩公式，后来他又提出电磁辐射具有自然辐射的假设，个别振动可以用无规则振动来描述，定义了一种谐振子熵，在1899年公布了一个和维恩公式类似的公式，并在公式中出现了两个常数。后来人们知道，其中一个常数就是量子力学中的普朗克常数，但是当初普朗克并不能阐明这些常数的物理意义，所以并没有引起人们的重视。

　　1900年10月7日，鲁本斯告诉了普朗克黑体辐射在长波部分的实验结果，并且告诉了普朗克长波情况下实验结果和瑞利公式的计算结果是一致的。普朗克立即对黑体辐射现象再次展开了研究。由于短波时维恩公式是正确的，长波时瑞利公式是正确的，普朗克将两种极限结合起来，从他之前的谐振子熵出发，在两个公式之间采用了数学上的内插法，很快得出了一个新的公式。普朗克在10月19日的一次会议上作了题为《维恩光谱方程的改进》的报告，公布了这个结果。鲁本斯对该公式进行了实验核对，发现在任何情况下普朗克的公

◆普朗克（1858—1947）

式都和实验结果符合得很好。随后又有一些实验物理学家验证，普朗克的公式在任何情况下都是正确的。

从1900年10月19日到12月14日这不到两个月的时间里，普朗克一直在努力寻找他的公式的物理解释。在那紧张的几个星期里，他研究了大量的玻尔兹曼的论文，将统计力学运用到黑体辐射的研究之中，他发现经典统计理论在解释黑体辐射问题的局限性，要得出实验的结果，就必须抛弃能量是无限可分的这一在经典理论看来是显而易见的结论。在尊重实验的前提下，普朗克提出了一个非常大胆的假设：空腔中谐振子的能量不是一个连续的物理量，而是由不可再分的单位（称为能量子）组成，这个不可分的能量单位和光的频率是成正比的，这个比例常数我们现在称为普朗克常数h，即$E=h\nu$。这个就是著名的普朗克关系式。

在量子化假设的基础上，普朗克推导出了正确的黑体辐射公式。普朗克在1900年12月14日的德国物理学会的会议上公布了这个和经典观念非常不一致的结果，开创了物理学一个新的时代。这一天也往往被人们看成量子物理学的诞生日。

普朗克关于能量不连续的假设是令人震撼的，动摇了经典的物理理论。连续性的思想自古以来就占据了统治地位，更是构成了经典物理学的基础，不管是牛顿力学，还是麦克斯韦的经典电磁理论都有力地支持连续性原理。在普朗克之前，谁也没有对它怀疑过或提出过挑战。即使普朗克本人，也宁愿相信能量的不连续不是来自光波本身的性质，而是由于原子内部离散的性质，并企图将能量子假设和经典物理理论统一起来，在之后的十几年，他也付出了很多努力。但我们现在回过头来研究这一段历史，可以清楚地认识到，当时包括普朗克在内的一些物理学家将量子假设和经典物理统一所做的努力虽然最终是失败的，但是他们的努力仍然有着重要的意义，正是由于当时众多物理学家的"徒劳"努力，人们后来清楚地认识到，量子在物理学中的地位远远比最初想象的重要，在处理微观问题时，打破经典物理的框架，引入全新的概念和推理方法是非常重要和有必要的。

1.2
旧量子论

爱因斯坦的光量子假说

19世纪初，英国物理学家托马斯·杨设计了光的双缝干涉实验，且根据该实验准确计算了各种颜色光的波长，他还利用光的干涉原理重新解释了牛顿环的形成，干涉实验不仅仅说明了光是一种波，也解释了由于光的波长很小，所以无法绕过一般障碍物的阻挡。1817年，托马斯·杨进一步提出光是一种横波，光的横波学说解释了很多光学现象。后来，斐索和傅科先后设计了测量光速的方法。1850年，傅科实验上测出了光在空气中速度比在水中更快，进一步证实了光是一种波的预言。19世纪中期，电磁学理论已由麦克斯韦建立，在麦克斯韦的理论里，电磁波是一种横波，且传播速度与光速相同，所以他认为光也是一种电磁波，后来德国物理学家赫兹做了一系列实验，证实了电磁波确实和光一样具有反射、折射、偏振等性质。光是一种电磁波已逐渐被大家广泛接受。

1886年至1887年，赫兹在验证麦克斯韦的电磁波理论时，偶然观测到一个现象并在1887年发表了论文《紫外线对放电的影响》，后来又有一些科学家对这一现象做了深入研究，这个现象现在被称为光电效应。光电效应主要描述了以下一些实

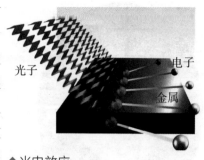

◆光电效应

验现象：首先，光照射到某些金属上，金属会释放出电子，这从能量守恒的角度不难理解，因为金属中的电子能吸收光的能量而脱离金属原子对它的束缚。但后面的结果就难以解释了，实验发现，能否释放出电子依赖于光的频率，只要光的频率大于某个阈值，则一定能释放出电子，且这个过程是瞬时发生的，放出电子的能量只和光的频率有关。而光的频率小于阈值时，则无论光的强度多大，无论照射多久，都无法释放出电子。这个实验结果和当时光的经典波动理论是相互冲突的。根据经典理论，光是电磁波，和电子发生相互作用时，电子获得的动能应由光强决定，且光的能量是连续的，无论什么频率的光，只要金属持续地吸收光的能量，就一定能够脱离金属原子的束缚。

1905年，爱因斯坦发表了他的论文《关于光的产生和转化的一个试探性观点》，在这篇论文中，爱因斯坦从哲学的角度指出了经典物理学能量连续

◆爱因斯坦（1879—1955）

性和物质原子理论之间的分歧，为了消除这种分歧，爱因斯坦提出了光量子假说，认为光也是以不连续光量子的形式在空间中传播。光量子的能量是普朗克常数乘以光的频率r。在论文其中一节，爱因斯坦提到了利用光电子可以对光电效应实验给出解释。和普朗克的量子假说不同的是，爱因斯坦的光量子概念超出了统计的范畴，他实际上是在光的微粒结构基础上提出了光量子的概念。普朗克引入能量子的概念是迫于无奈的选择，因为只有这样才能给予黑体辐射实验完美的解释，而爱因斯坦的出发点就是质疑经典物理学的能量连续性的观点。虽然光量子的概念客观上解释了光电效应实验，但是，爱因斯坦这篇论文的主要目的并不是解释某一个实验，且1905年之前的光电效应的实验精度并不高，不足以说明爱因斯坦理论的正确性，其实论文中对光电效应的解释仅仅占篇幅很小的一部分。

爱因斯坦的论文发表之后，因观点太过革命性，起初没有被物理学家们广泛接受，自1905年起，实验物理学家们开始用实验验证这一假说。美国实验物理学家密立根设计了一套实验装置和实验操作技术，消除了一些其他物理学家无法处理的误差，实验的最初目的是否定爱因斯坦的光量子假说，但是，密立根最终在1916年发表的实验论文里承认爱因斯坦的光量子假说对光电效应的描述是正确的。

光的波动理论在解释光的干涉、衍射理论是必不可少的，另外，光的微粒理论以及量子概念在解释光与实体粒子相互作用时也取得了成功。物理学家们逐渐接受了光既具有波动的性质，也具有粒子的性质，这被称为波粒二象性。

1923年，美国物理学家康普顿发现了X射线与电子相互作用的新效应，后来称其为康普顿效应，实验发现X射线照射物体发生散射时，会出现散射波波长变长的现象。要解释这个实验，一方面光的波长需要根据衍射图像来确定，需要用到光的波动理论；另一方面解释实验结果需要光的量子概念，要将光和电子的相互作用看作两个小球的碰撞，满足动量守恒定律和能量守恒定律。康普顿散射实验是光的粒子性的另一个重要的实验依据。

玻尔的原子理论

1897年，英国物理学家J.J.汤姆孙研究阴极射线的时候，发现了电子，首次用实验向人们证实原子是有自己的结构的。1911年，物理学家卢瑟福根据α粒子散射的实验结果，提出了原子的核式结构：原子的大部分质量集中在体积很小的带正电的原子核上，电子则像行星一样围绕原子核运动。但是，在经典物理学的框架下，这样的核式结构是不稳定的，电子和原子核之间存在着库仑相互作用，这会使得这个结构将在瞬间崩塌。

另外，实验上测得的氢原子发射光谱线也是经典物理学理论所无法解释的。早在18世纪，物理学家们就发现不同的物质加热后能产生不同的光谱，通过光谱的分析可以鉴别不同的元素。1884年，瑞士数学老师巴耳末分析了氢原子发射光谱的一组波长，总结出了氢原子发射光谱波长的经验公式。1890年，瑞典物理学家里得伯提出了一个更普遍的光谱公式。1908年，瑞士物理学家里兹结合巴耳末和里得伯的工作，提出组合原理，可以确定氢原子发射光谱的所有可能的频率。

1911年，比利时化工巨头索尔维出资邀请当时一些著名的物理学家和化学家到布鲁塞尔讨论当时的一些前沿问题。同年10月29日，第一届索尔维会议召开，当时会议的主题是"辐射理论和量子"，经过这次会议，物理学家们深刻认识到经典物理学的缺陷以及量子假设的必要性。

在同一年，26岁的青年学者玻尔和卢瑟福在剑桥大学相识，随后在一次玻尔对卢瑟福的拜访中，卢瑟福向玻尔介绍了索尔维会议的情况，第二年玻尔来到了卢瑟福的工作地曼彻斯特，开始追随卢瑟福工作。

◆玻尔（1885—1962）

玻尔很快就对卢瑟福的原子核式结构着了迷，但他也立即发现了经典物理学在解释原子稳定性方面的困难，他认为有必要引入普朗克和爱因斯坦的量子假说。1913年2月，玻尔在和汉森的一次谈话中偶然得知了氢原子的光谱公式，玻尔后来回忆说："看到巴耳末公式时，一切就豁然开朗了。" 1913年7月至11月，玻尔将他的论文《论原子和分子的结构》分三部分发表在《哲学杂志》上。在他的论文中，提出了两条假设：第一条假设是电子存在具有确定能量的稳定态（也称为能级），当电子保持在这个状态时，不吸收也不发出能量。第二条假设是电子从一个稳定状态跃迁到另一个稳定状态，会产生吸收能量或发射光谱的现象。在这个过程中光的频率（即能量）由爱因斯坦的光量子假说所决定。对照经典理论和氢原子光谱公式，则电子

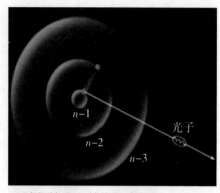

n-1

n-2

n-3

光子

◆玻尔的原子结构示意图

的角动量必须是普朗克常数h的n倍，称为角动量量子化。根据角动量量子化，则电子的能量表达式为$E_n=-E_1/n^2$，这里电子的能级大小由正整数n决定，这里正整数n被称为量子数，结合玻尔的前两个假设，玻尔得到的结果和氢原子光谱公式一致。

玻尔理论在量子论的发展史上具有里程碑意义，指引着其后十年量子论的发展方向，玻尔进一步发展了普朗克和爱因斯坦的量子化思想，将量子的概念运用到了原子的模型。不仅仅解释了许多已知的实验结果，也作了一些新的预言，1913年前后一系列的实验进展都支持玻尔理论。实验的进展又进一步促进了理论的发展，1916年，德国物理学家索末菲对玻尔理论提出修正，引入了电子的椭圆轨道和相对论效应，提出了新的角动量量子数l，l不同时，对应不同的电子轨道形状，l取值为0到$n-1$之间的整数。索末菲的理论对于碱金属原子的原子光谱也可以给出很好的解释。

1896年，荷兰物理学家塞曼发现把产生光谱的光源置于足够强的磁场中，磁场会把一条谱线分裂成几条偏振化的谱线，这种现象称为塞曼效应。塞曼效应证实了电子具有磁矩，正常的塞曼效应在1916年已经纳入了量子理论，描述电子的磁矩，需要引入磁量子数 m，表示电子轨道的伸展方向，磁量子数 m 的取值受限于角的力量量子数 l，只能取 $-l, -l+1, \cdots, l$，共 $2l+1$ 个值。

1897年12月，爱尔兰物理学家普雷斯顿报告称，在很多实验中观察到光谱线有时并非分裂成3条，间隔也不尽相同，进一步的研究发现，很多原子的光谱在磁场中的分裂情况非常复杂，这被称为反常塞曼效应。反常塞曼效应在很长一段时间困扰着当时的物理学家们，直到1925年电子自旋的发现。

电子自旋和泡利不相容原理

根据原子理论，现在已经有三个量子数来描述原子核外的电子状态，分别是主量子数 n、角量子数 l、磁量子数 m。在这个基础上，玻尔对化学家门捷列夫提出的元素周期表进行了系统研究，以电子组态的方式对原子进行周期排列，对周期表中各种元素的原子结构做了说明，同时对周期表上的第72号元素的性质作了预言。1922年，第72号元素铪的发现证明了玻尔的理论。但是，当时的原子理论仍然显得支离破碎，许多问题没有给出令人信服的解释。例如，为什

◆泡利（1900—1958）

么原子外满壳层的电子数目是2、8、18、32……？为什么电子不会集中在能量最低的那个轨道？且当时的原子理论对于反常塞曼效应也没有合理的解释。直到1925年，泡利不相容原理的提出和电子自旋的发现才对这些问题提供了必要的解释。

1922年，泡利在哥廷根大学任物理学家玻恩的助教，当年和到哥廷根大学讲学的玻尔相识，从此开始了他们之间的长期合作。当年秋，泡利就到了玻尔在哥本哈根大学的理论物理研究所从事研究工作。

泡利在玻尔的研究所从事的是反常塞曼效应的研究，在研究过程中，泡利认识到，要解释反常塞曼效应中光谱的分裂，需要引入第四个量子数来描述电子的状态。对于这第四个量子数，电子只能取两个值。这样，我们可以用四个量子数来描述原子外电子的状态。泡利进一步发现，原子外每一层可容纳电子的数目，恰好等于这一壳层不同量子数的组合数。根据这一认识，泡利1925年3月在《物理杂志》上发表了一篇论文，捉山了现在大家熟知的泡利不相容原理：不能有两个或两个以上的电子具有完全相同的一套量子数。泡利不相容原理是电子在原子核外排布的准则之一。

泡利不相容原理的提出，很好地解释了元素周期律，但是，对于第四个量子数的物理解释，仍使当时的物理学家感到困惑。半年之后，两个莱顿大学的学生乌伦贝克和高斯密特论证说这第四个量子数可以理解为电子的自旋。1928年英国物理学家狄拉克将相对论引进量子力学，建立了相对论形式的波动方程，现在称为狄拉克方程，狄拉克方程可以自动地导出电子具有自旋的结论。需说明的是，自旋不能看作宏观物体的自转，其是微观粒子所具有的内禀性质，取值是量子化的。微观粒子按照自旋量子化取值，可以分为两大类，一类为玻色子，自旋取值为整数；一类为费米子，自旋取值为奇数的一半。电子就是一种费米子，其自旋取值为1/2和-1/2，而泡利不相容原理适用于所有的费米子。

量子理论的早期阶段，以普朗克的量子假设和爱因斯坦的光量子假说开始，以玻尔-索末菲的原子理论等工作为核心，被称为旧量子论时期。泡利不相容原理和电子自旋的概念代表着旧量子论发展的巅峰。但到了1925年，从事量子理论研究的物理学家们已经十分清楚当时量子理论的缺陷。一方面，计算能量的定态需要引入经典的轨道，而同时又包含着量子假设，逻辑上存在矛盾；另一方面，旧量子论在预言氦原子的定态时遭遇了失败，不能很好地处理两个电子间的相互作用，存在着一些非经典的原因，是一种原子尺度上本质的东西。物理学的发展又走到了十字路口，新的量子理论已在酝酿之中。

1.3
量子力学的建立

海森堡和矩阵力学

在玻尔创建了原子理论十多年后，量子理论的发展虽然进入了瓶颈，却在很短的时间内突破了瓶颈，迎来了它的黄金时代，一系列引人注目的重大成果被发表，物理学的舞台上出现了一大群引人注目的年轻科学家，短短半年多时间，两种截然不同的新的量子力学体系就被建立。不久之后，年轻的物理学家狄拉克又在两种量子力学体系的基础上建立了一个更加普适的方程。

第一个具有严格逻辑性和概念性的量子力学形式由德国年轻科学家海森堡提出。海森堡1920年进入慕尼黑大学学习物理学，师从索末菲。1921年，还未满20岁的海森堡通过对反常塞曼效应的研究，提出了通过引入半整数量子数来解释原子光谱线的分裂。现在我们知道，半整数的量子数是由于电子自旋的引入，但当时的物理学家们并没有自旋量子数的概念，海森堡关于半整数的量子数的猜想无疑是非常有前瞻性的。初出茅庐的海森堡牛刀小试，通过这个工

◆海森堡（1901—1976）

作登上了量子理论研究的舞台，却没有继续在这个方向走得更远。但在几年之后，海森堡取得了量子理论革命性的重大突破，成为了量子发展史上一颗年轻的耀眼的明星。1922年，海森堡到了哥廷根大学，在玻恩和希尔伯特指导下继续物理学的学习和研究。1923年，未满22岁的海森堡返回慕尼黑大学完成了博士论文，并在当年回到了哥廷根大学继续跟随玻恩从事物理学的研究。

在哥廷根大学工作期间，海森堡抛弃了玻尔原子理论里电子绕核旋转的经典轨道的概念，通过可以观测到的谱线的实验结果来判断电子从一个能级跳跃到另一个能级时发生了什么，并进一步用这些可观测量来描述原子的系统。海森堡开始设法建立一种新的量子理论，在这个新的理论中，只有可观测量之间的关系。海森堡将观测值列成表格的形式，如果电子有3个状态，则这些观测值就构成一个3×3的表格，面对这些表格，他发现不同的物理量之间满足一些特殊的乘法关系，这些乘法关系不满足乘法交换律。1925年7月，海森堡发表了关于新的量子理论的论文《关于运动学和动力学关系的量子论重新解释》。

海森堡将他的论文送给了他的导师玻恩，玻恩看到海森堡的论文之后，苦思冥想了几天的时间，意识到海森堡构造出来的描述力学量的数学工具其实就是矩阵。之后，玻恩与数学家约丹合作，在1925年9月，发表了论文《论量子力学》，论文中对海森堡的理论工作作了数学形式上的改进。1925年11月，海森堡、玻恩和约丹三人合作又撰写了一篇论文，使得矩阵形式的量子力学形成了一个完整的体系。

1926年，海森堡和爱因斯坦在柏林大学一次讨论会期间交流。爱因斯坦从哲学的角度评论了海森堡的思想。爱因斯坦认为，海森堡坚持利用可观测量来建立物理学理论是不正确的，恰恰相反的是，物理理论决定我们能够观测到的东西。海森堡受到爱因斯坦的启发，重新研究了量子力学的矩阵形式，他发现，位置和动量对应的矩阵不满足乘法交换律表明了这样一个事实：位置和动量不能够同时被精确地测量出来，测量误差值的乘积是一个常量，如果其

◆玻恩（1882—1970）

23

中一个物理量测量精度越高，另一个物理量测量精度就越低。1927年4月，海森堡将他的发现整理为一篇27页的论文，发表在德国《物理杂志》上。海森堡这个发现，被称为不确定性原理，或者测不准关系，是量子力学的一条重要的原理。令人意想不到的是，在1926年初，矩阵形式的量子力学刚刚建立，人们还在努力探索和理解它时，在瑞士的苏黎世又冒出了一种新的量子力学，这个新的量子力学的出发点、表达形式和海森堡的理论截然不同，它是建立在粒子的波动性的图像上。

德布罗意波

在爱因斯坦光量子假说发表之后，人们逐渐认可了光具有波粒二象性，但对于像电子一样的实物粒子，量子理论从建立开始，就一直关注其粒子性，并在十年左右的时间里一直沿着粒子这条路发展。1923年9月，巴黎大学一个博士研究生德布罗意首次发表了物质波的思想，德布罗意认真地研究了爱因斯坦的光量子

◆德布罗意（1892—1987）

假说，并将光和其他实物粒子做了对比，认为每一个质量为 m 的粒子都具有一种振动频率，一个质量为 m 的静止粒子具有的振动频率 v 由 $mc^2 = hv$ 所决定。1924 年 7 月，德布罗意在另一篇文章里进一步将他的理论表达为 $E = hv$，$p = h/\lambda$，其中 E 为能量，P 为动量，λ 为波长。这两个关系后来被称为德布罗意关系，由于频率和波长通常是描述波的物理量，能量和动量是描述粒子状态的物理量，德布罗意通过这两个关系式将实物粒子的粒子性和波动性联系在了一起。

1924 年 11 月，德布罗意将他的几篇论文整理和加工成了他的博士论文。这篇博士论文后来到了爱因

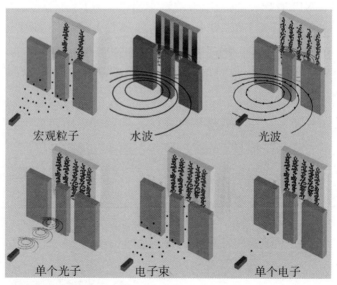

宏观粒子   水波   光波

单个光子   电子束   单个电子

◆双缝干涉实验

斯坦的手中，得到了爱因斯坦极高的评价，爱因斯坦在给德布罗意的导师回信的时候说道："德布罗意的工作给我留下了深刻印象，一幅巨大帷幕的一角被掀起来了。"

德布罗意在他1923年发表的论文里还讨论了物质波的实验验证问题，他在论文里设想用电子束穿过一个小孔，应该可以观测到衍射现象，衍射现象是波动性的主要特征之一。

1927年，美国科学家戴维森根据慢电子束在镍晶体表面散射的实验，发现散射强度随着角度变化类似相干现象，结合理论计算证实了德布罗意关于物质波的假设。同年，电子的发现者J.J.汤姆孙的儿子G.P.汤姆孙用高速电子穿透金属薄膜，直接观测到电子的衍射现象。物质波的理论正式被实验证实。

另一个能直接证明电子波动性的实验是电子的双缝干涉实验。1961年，蒂宾根大学的克劳斯·约恩松进行了电子双缝干涉实验。他将若干电子发射到前方有两条相互平行的狭缝中，电子在通过狭缝后会在后面的探测屏上留下最终的运动位置。实验结果显示，探测屏上出现了多条明暗相间、相互干涉的条纹，最初克劳斯·约恩松认为可能是若干电子在运动时发生了撞击，所以导致探测屏上出现了很多干涉条纹。为了避免这种现象的发生，他将电子一个一个地进行发射，这样电子之间就不可能发生碰撞，但实验结果显示，足够长的时间之后，实验结果并没有改变，探测屏上依旧出现多条干涉条纹，这说明单个电子就具有波动的特性，符合量子力学对微观粒子的描述。

薛定谔和他的波动方程

奥地利物理学家埃尔温·薛定谔于1910年在维也纳大学获得了博士学位，此后在维也纳大学从事研究工作，第一次世界大战期间，他的研究被迫中断，在奥地利南方一座要塞担任炮兵军官，战后他回到了维也纳大学继续从事物理教学和科研。1921年，他到了瑞士苏黎世大学担任理论物理教授。

◆薛定谔（1887—1961）

在苏黎世工作期间，薛定谔主要的研究方向是热学的统计理论，1923年至1924年，德布罗意提出了物质波的假设，随后爱因斯坦发表了论文《单原子理想气体的量子理论》。德布罗意和爱因斯坦的论文引起了薛定谔对物质波的关注。当时，苏黎世大学和瑞士联邦工学院每年都会联合召开一次物理学讨论会，薛定谔在讨论会上介绍了德布罗意的工作，当时的会议召集人、联邦工学院的德拜教授提出，既然电子是一种波，为什么没有波动方程呢？在德拜的启发下薛定谔很快提出了他的波动方程。

1926年，薛定谔一连发表了四篇论文，这四篇论文奠定了非相对论量子力学的基础。在这些论文里，薛定谔不但建立了量子力学的波动方程（现在称为薛定谔方程），而且证明了他的波动理论和海森堡–玻恩–约丹的矩阵形式的量子力学在数学上的等效性。此外，约丹也独立得出了两种量子力学等价的结论。

薛定谔的波动力学提出后，某些关键概念（例如波函数）的物理内涵在很长时间内困扰着当时的物理学家们。1926年6月，玻恩提出：在某一时刻，空间内某一点波函数绝对值的平方，和在该点找到粒子的概率成正比，这称为波函数的统计诠释。玻恩对波函数的诠释和一年以后海森堡提出的不确定关系是一致的，但这个诠释给当时的科学观念带来了极大的冲击，这意味着即使一个粒子的初始状态是完全确定的，人们也无法精确地根据粒子满足的方程去预言该粒子下一刻的状态。

薛定谔方程是量子力学的基本原理之一，本身是无法证明和推导出来的，但是，将薛定谔方程运用到氢原子上，可以自动得到玻尔的量子化原子能级。从薛定谔方程出发，不需要像旧量子论一样附加一些量子化的假设，薛定谔方程成为矩阵力学之外第二个具有严密逻辑基础的描述微观理论的基础性方程。现如今的量子力学教材，几乎都同时包括薛定谔方程和海森堡矩阵力学两方面，但由于薛定谔方程在数学上更容易让人理解和接受，大部分量子力学的教材都是以粒子的波动性和薛定谔方程为出发点，作为大家认识和理解量子力学的起点。

狄拉克和狄拉克方程

1918年，狄拉克进入布里斯托大学学习电机工程，但是，狄拉克的兴趣点却主要在数学上面。1919年，发生了一件震惊科学界的大事，爱丁顿和戴森通过对日全食的观察，证实了爱因斯坦的广义相对论做出的预言，一夜之间，相对论成了市民们街谈巷议的热门话题，相对论立刻吸引了狄拉克。但是，即使是当时他的老师，都不知道相对论是怎么回事。1920年，布里斯托大学

◆狄拉克（1902—1984）

开了一门科学思想的系列课，在那个课程里，狄拉克首次接触到相对论的知识。1921年，狄拉克获得了工程学士学位，他听从了数学系主任哈希的建议，继续在数学系学习，在数学系学习期间，狄拉克选修了原子物理课，初步接触到量子论的新思想。

1923年，狄拉克用两年的时间完成了三年的课程，获得了数学学士的学位，以研究生的身份到了剑桥大学，在福勒教授的带领下，狄拉克很快发现量子理论领域有许多有意思的问题。为此，狄拉克在剑桥大学重学了电磁理论，用一年的时间迅速掌握了当时的量子理论，并且学习了经典力学和相对论，研究了爱丁顿的新著《相对论的数学原理》，进一步掌握了相对论的精髓。从1924年起，狄拉克就开始在学术界崭露头角，开始在相对论、量子论和统计力学等领域发表论文。

1925年8月，狄拉克认真读了海森堡的论文，并在不久之后认识到海森堡论文中不可交换的乘法其实对应着经典力学中的泊松括号。1925年11月，狄拉克发表了论文《量子力学的基本方程》。这篇文章引起了很大反响，狄拉克也因此走入了理论物理的最前台。

1926年，狄拉克从剑桥大学毕业后，继续留在剑桥大学任教。这一年，薛定谔提出了波动方程，狄拉克最初并没有在意薛定谔方程。1926年，狄拉克到玻尔的哥本哈根研究所访问，在这期间，狄拉克详细研究了薛定谔方程，经过反复努力，他建立了一种普遍的变换理论，证明了海森堡量子力学和薛定谔量子力学之间的等价性，并且推广到了更普遍的情况。

1927年2月，狄拉克来到了哥廷根大学，在这期间，狄拉克所做的重要工作就是引入了二次量子化的概念，并证明将电磁场以光子处理或者以量子化处理完全等价，这构成了量子场论和量子电动力学的基础。

1927年10月，狄拉克回到了剑桥大学，开始专注于相对论性的量子理论，令人惊讶的是，这个工作两个月左右就完成了，这也是狄拉克最重要的一个工作。1928年1月和2月，狄拉克将他的论文《电子的量子理论》分成两部分发表，论文中，狄拉克提出了相对论电子量子力学方程，现在称作狄拉克方程。狄拉克方程带来了非常丰富的成果。首先，不管是海森堡的矩阵力学，还是薛定谔方程，都没能告诉人们自旋是怎么回事，而在狄拉克方程中，自旋是自然出现的，这是令当时的物理学家们非常震惊的。其次，狄拉克方程中预言了正电子的存在，1932年，实验验证了正电子的存在。

关于量子力学诠释的争论

1927年，为了纪念物理学家伏特，来自13个国家的70多位物理学家聚集到了意大利的科莫，在纪念先人的同时，探讨物理学的最新进展。在这次会议上，玻恩、玻尔、海森堡、泡利等量子力学的创建者都相继作了发言，玻尔首次汇报了他的互补性原理的思想，玻尔吸收了海森堡、玻恩、德布罗意和薛定谔的研究成果，并将其上升到了哲学方面的思考，讨论了物理内容之间互斥又互补的关系，比如粒子与波动两种图像的关系，观测和观测结果之间的关系，不能同时确定的物理量之间的关系等。除了玻尔的报告，玻恩的波函数统计诠释，海森堡的不确定原理，泡利的不相容原理都在会议上作了宣讲。玻尔是哥本哈根大学理论物理研究所的创始人，海森堡、泡利、狄拉克等量子力学的创始者都有过在哥本哈根大学工作的经历，后来人们把玻尔等人称为哥本哈根学派，科莫会议是哥本哈根学派对量子力学解释的首次公开亮相。

科莫会议之后一个多月，第五届索尔维会议在布鲁塞尔召开，这届索尔维会议聚集了全世界几乎所有的著名量子物理学家。在这次会议上，哥本哈根学派再次整合和报告了量子力学的哥本哈根诠释，可是哥本哈根诠释却遭到了爱因斯坦的反对。这次会议开启了以玻尔为首的哥本哈根学派和爱因斯坦之间关于量子理论的长达几十年的争论。爱因斯坦一次次提出各种思想实验，挑战哥本哈根诠释，却一次次被玻尔解决，这也在客观上促进了量子力学的完善。

◆第五届索尔维会议参会者合照

1935年，爱因斯坦、波多尔斯基和罗森联合发表了著名的EPR佯谬（EPR分别是这三位物理学家姓氏的首字母）的论文，旨在论证量子力学哥本哈根诠释的不完备性。在论文中，爱因斯坦等人提出了一个思想实验：从同一个发射源中发出有关联的两个粒子（被称为EPR对），假设两个粒子往相反的方向运动了很远，远到距离超过一个光年。根据哥本哈根诠释，在测量之前，我们只能知道两个粒子的波函数，且根据不确定关系，每个粒子的动量和位置无法被同时确定。

爱因斯坦等人提出，如果对其中一个粒子A的位置进行测量，测量之后，根据哥本哈根诠释，粒子状态会由不确定的叠加态立刻变成确定的状态。粒子 A 的位置确定以后，可以根据波函数知道粒子 B 的位置。另一方面，如果测量粒子 A 的动量，则可以根据粒子 A 的动量推出粒子 B 的动量，由于粒子 A 和粒子 B 相距足够远，对粒子 A 的测量不会干扰到粒子 B，所以粒子 B 本来就有确定的动量和位置，这个结果与不确定原理矛盾。另外，为什么粒子 B 可以精确得知粒子 A 的测量结果且瞬间做出反应？难道粒子 A 和粒子 B 之间有比光速还快的信号传递？爱因斯坦认为这样的超距作用显然是荒谬的，这一个思想实验被称为EPR佯谬。

玻尔在随后公开发表了论文对EPR佯谬作了反驳。在玻尔看来，量子理论是非局域性理论，空间相距很远的粒子 A 和粒子 B 始终是一个整体（后来称为两个粒子的量子纠缠），并不存在干扰和不合理的超距作用的说法。玻尔同时指出，测量仪器也是一个关键因素，粒子不可能拥有"独立的真实"，微观粒子只有在被观察时，才能拥有确定的特性。玻尔并没有对两个粒子之间存在"超距"作用做正面回答，两个伟大的物理学家最终都没能说服对方。

1982年，法国实验物理学家阿斯派克特通过实验实现了两个相距12 m的光子，在海量数据的支撑下实验结果支持了玻尔非局域性理论的正确。之后，全世界的量子物理实验室一直到今天仍然进行着量子纠缠的实验研究，两个微观粒子分离得越来越远。量子纠缠的实验验证以及应用，至今仍然是量子科学的最前沿课题之一。

薛定谔的猫

量子力学创始者之一、物理学家薛定谔是哥本哈根诠释的另一个反对者。在1935年，薛定谔提出了一个思想实验：在一个封闭的盒子里，关着一只猫和一个毒药瓶，

◆薛定谔的猫

毒药瓶上方有一个锤子，锤子的开关由一个放射性原子控制，如果原子核衰变，则触发开关，锤子落下，砸碎瓶子释放出毒气，导致猫的死亡。由于原子核的衰变是随机事件，假设这个放射性原子一天的衰变几率是50%。那么，根据量子力学的叠加原理，在测量之前，这个原子处于衰变和未衰变的叠加态。薛定谔认为，只要盒子保持关闭，原子核就处于不确定态，而那只可怜的猫，也会一样地处于既死又活的不确定态。根据量子力学的诠释，在打开盒子的瞬间，发生了测量，才能确定原子是否发生衰变，最终决定猫是

死的还是活的。而测量之前，既死又活着的猫显然是荒谬的。薛定谔的思想实验，将微观的不确定性拓展到了宏观，由于宏观的、既死又活的猫和生活常识违背，薛定谔以此说明量子力学的诠释是不完备的。所以，薛定谔的猫又称为薛定谔佯谬。

前面说过，量子力学中粒子的状态由波函数来描述。放射性原子的波函数则包含衰变和非衰变两种叠加态，在做测量之前，是否衰变是无法确定的，在测量的一瞬间，原子会由不确定的叠加态变成一个确定的状态，这叫作波函数塌缩。在上面的思想实验中，如果把猫换成测量者，可能就没有疑惑了。只要对原子是否衰变进行测量，就不存在叠加态，只有确定的状态，要么是衰变，要么没有发生衰变。事实上，测量行为导致原子不是一个孤立的系统，外界对原子的扰动使得原子的叠加态消失。而在薛定谔猫的实验中，猫对原子的扰动始终存在，使得原子的状态不会是叠加态，而是处在确定的状态。所以，既死又活的猫，在现实中不会存在。

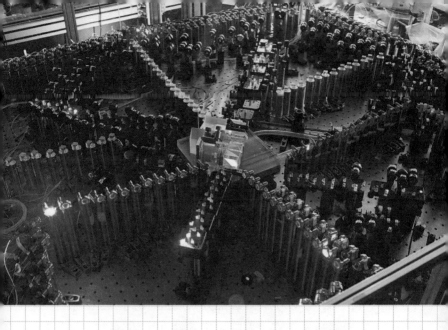

第二章　量子计算

　　计算机，在我们的日常生产、生活中扮演着十分重要的角色，其强大的能力一度使人们认为它是无所不能的。然而，传统计算架构的局限性，以及运算量随数据规模而指数增长等问题限制了计算机性能的快速提升。就在人们一筹莫展之际，科学家发现了基于量子特性加速的算法，从而掀开了量子计算机研究的热潮。在本章中，我们将了解到传统计算机在性能提升上遭遇的一些问题、量子计算的基本概念及应用、量子计算的现状以及未来的发展方向。我们将看到计算机和量子之间的相爱相杀。没有量子效应，计算机中的半导体器件将无法工作。然而，又是量子效应限制了计算机性能的进一步提升。最后，还是量子给计算的加速指出了一条康庄大道。正所谓败也量子，成也量子。

2.1
芯微有终，量子初启

摩尔定律有极限吗？

　　智能手机和计算机已经成为人们生产、生活的重要工具，其强大功能完全得益于它的核心——中央处理器（CPU）。以中央处理器为代表的芯片，其应用了集成电路技术，将大量的电子元件（大部分是晶体管、场效应管的半导体器件，其根据量子力学的原理进行工作）集成在一个芯片当中。随着加工工艺的发展，芯片上集成的电子元件也越来越多，芯片性能也越来越强。下页图（上）为某品牌近10年发布的部分手机，可以看到，芯片工艺是随着时间的变化在不断提高的。现在我们将工艺数值进行平方然后取其倒数定义为芯片集成度，其作为纵轴数据并取对数坐标，画出芯片集成度随时间的变化关系如下页图（下）所示。我们发现，所有的数据点基本每隔两年翻一番。这里定义的集成度反映了芯片单位面积上集成的元件数。事实上，芯片集成度随时间的变化是18到24个月翻一番，这个规律称为摩尔定律，是英特尔的创始人之一戈登·摩尔在1965年发现并提出的。应当说，摩尔定律是一个社会学定律，而不是一个科学定律。一方面，芯片企业需要降低生产成本，避免被同行反超，有提升生产工艺的需要；另一方面，如果一下把研发目标提升得太多，难免会有难产的风险。因此，在两方面因素的综合作用之下，芯片工艺按照一定的增速提升。

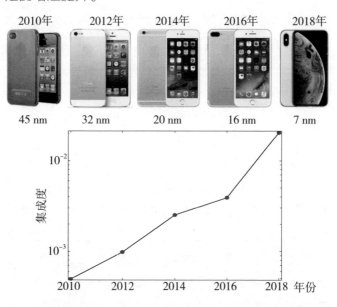

◆上：某品牌在2010—2018年发布的部分手机及其芯片工艺

◆下：根据中央处理器加工精度处理得到的芯片集成度随时间的变化关系

　　在过去的几十年中，芯片的发展确实比较吻合摩尔定律的预言。然而，该曲线可能无限增长吗？答案是不可能的——因为量子效应出来捣乱了。随着加工精度提高，加工的线路会变小，线路的间隔也会变窄，电子很容易在线路之间隧穿，导致芯片运行出错。业界普遍认为，按照目前制造工艺，1 nm将会是极限（相当于10个硅原子并排的长度）。目前，主流高端芯片已经采用了7 nm工艺。预计2022年将量产上市3 nm工艺产品，这已经接近极限。因此，通过提高加工精度来提高处理器性能在未来几年将会遇到瓶颈。

发热——芯片之殇

摩尔定律的极限成了限制芯片性能提升的紧箍咒。为了提升计算机的整体性能，人们尝试使用多核处理器，即多个处理器进行并行运算。然而，这就遇到了第二个问题——芯片发热。我们在日常生活中都会有这种感觉，手机或者电脑在使用一段时间后会发烫，中央处理器的位置是最热的，电脑还会专门配备风扇给中央处理器进行降温。特别是一些需要计算机进行长时间、大规模运算的地方，比如超级计算中心，通常会配备专门的冷却系统，以防芯片太热而烧坏。目前，芯片发热带来的能量损耗已经到了不能忽视的地步。根据2013年《时代》周刊报道，全球计算机行业的年耗电量相当于世界发电量的10%。这个数字与日本和德国的年发电量之和相当，相当于全球飞机年消耗能源总量的1.5倍。如今，随着人工智能算法的普及，这个数字有可能继续增加。例如，在2017年战胜世界围棋冠军柯洁的AlphaGo，它每下一盘棋的电费就得花费3000美元，相比之下，人类下一盘棋所耗费的能量可能还不到一顿饭所包含的能量。

既然芯片发热是如此严重的一个问题，那人们肯定会想方设法解决这个问题。实际上一开始情况还是很乐观的。美国科学家登纳德发现一个结论：芯片消耗的功率和晶体管面积的平方成正比。也就是说，我们可以在保持芯片性能不变的情况下通过提高集成度降低功耗。然而，事情总是不会一帆风顺的。这个时候，量子效应又出来搞事了。发展到2005年前后，当晶体管越做越小时，量子隧穿效应的介入使得晶体管的漏电效应开始出现，带来很大的热能转换，打破了登纳德定律。事实上，在现行的计算机中，发热效应是不可避免的。

1961年，朗道尔发表了论文《不可逆性与计算过程中的热量产生问题》。在这篇论文中，朗道尔指出了一件以前从来没人发现的事情：擦除信息是需要额外的能量的。要阐述这个问题，我们首先需要了解不可逆计算的概念。下图展示了逻辑电路中常用的与门示意图及其真值表。与门具有两个输入端、一个输出端，其逻辑运算满足下图的真值表。可以看到，输入电平的状态和输出电平的状态并不一一对应，这就是不可逆计算。从输入输出角度看，输入信息经过与门后被部分擦除了（比如真值表中第二、三种情况，均存在某一路输入中的高电平变成低电平），从而不能和输入的信息一一对应。由于高低电平之间存在能量差，高电平翻转为低电平过程中必然导致能量释放，最后转变为热量散发到环境中。朗道尔证明了，计算机在不可逆计算中擦除一路输入信息在物理上需要消耗能量的下限是 $kT\ln 2$，k 是玻尔兹曼常数，T 是系统的温度。当中央处理器运算的速度越快，单位时间操作逻辑门的次数越多，发热量就越大。

与门	真值表

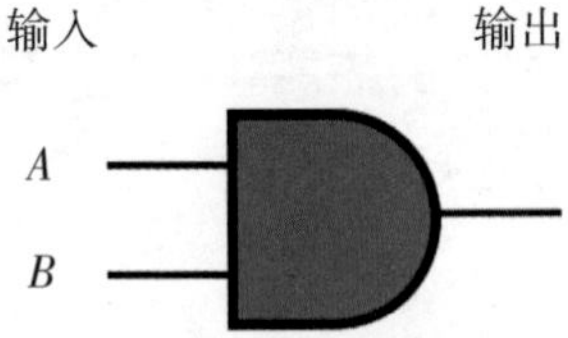

输入电平		输出电平
低	低	低
低	高	低
高	高	低
高	高	高

◆ 逻辑电路中与门的图示与真值表

不可估"量"——指数增长灾难

在处理一些繁重复杂的问题的时候，我们通常会分工合作，所谓人多力量大，对应到计算机上就是进行并行计算。计算机每多一个处理器性能就提高一分，然而这样一种提升在一个数学名词面前竟然显得苍白无力——指数。我们经常会遇到一些运算量随着数据规模而指数增加的问题，而计算机却黔驴技穷。比如经典的组合优化问题——流动推销员问题。该问题实际上和我们的日常生活息息相关，比如现今生活中我们经常在网上购物，快递员需要挨家挨户把商品送到用户手上，这里面涉及一个最短路线的规划。解决这个问题最简单的方法是逐一计算每个方案的长度，选出最短的方案即可。然而，这里面会涉及计算量随变量规模而指数增长的问题。如果快递员一天要到5个不同的地方送货，那么一共可以组合成5! =120种不同的路线。如果地点是10个，则需要计算10! =3 628 800万种可能。随着地点的增多，组合数量会急剧增大到极为庞大的数值。如果地点增加到30个，组合数量约为2.7×10^{32}个，即使使用超级计算

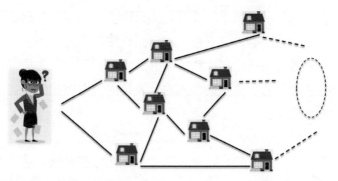

◆流动推销员/快递员问题

机计算，也需要8亿年的计算时间。这意味着无论现在什么样的超级计算机都无法胜任此类运算，经典计算机在这个问题面前败下阵来。

下面我们设计这样一个物理系统。现在有N个电子排列成一行，电子具有电荷，假设电子距离得足够近而发生相互作用，电子的自旋将会受到影响。为了利用计算机研究系统的演化，我们需要将系统所有可能的状态输入，并根据薛定谔方程进行计算。由于每个电子具有朝上和朝下两种可能性，所以N个电子将有2^n种状态。假如$N=30$，则状态数有1.1×10^9种；假如$N=50$，则状态数有1.1×10^{15}种；如果$N=166$，则状态数和地球上原子的数目一样多。因此，这样一个量子系统所能表示的状态真是不可估量！

除了以上两个问题，现实中还有大量对计算性能要求越来越高的问题。比如机器学习，当前人工智能技术的爆发（图像识别、自主导航、智能交流等）离不开机器学习技术的发展。而机器学习动辄需要对上亿参数进行拟合以进行聚类分析，这对算力提出了巨大需求。天气预报、新药研发、金融模型的优化同样包含大量的参数，这也将对计算机的算力提出越来越大的考验。

以上这些例子说明了社会的发展迫使人们研究性能越来越强大的计算机，包括提出更好的算法、更新可能的计算架构。

2.2

量子计算是什么

计算机和量子的联姻

当前计算机构建的原理称为图灵机，是英国数学家阿兰·图灵在1936年提出。图灵是计算机逻辑的奠基者，许多人工智能的重要方法也是源自这位伟大的科学家。他在24岁时提出了图灵机理论，33岁时构思了仿真系统，35岁时提出了自动程序设计的概念，38岁时设计了"图灵测试"。

为了模拟人的运算过程，图灵构造出一台假想的机器，该机器由以下几个部分组成：

1. 一条无限长的纸带。纸带被划分为一个接一个的小格子，每个格子上包含一个来自有限字母表的符号，字母表中有一个特殊的符号表示空白。纸带上的格子从左到右依此被编号为 0、1、2……，纸带的右端可以无限伸展。

2. 一个读写头。该读写头可以在纸带上左右移动，它能读出当前所指的格子上的符号，并能改变当前格子上的符号。

3. 一套控制规则。它根据当前机器所处的状态以及当前读写头所指的格子上的符号来确定读写头下一步的动作，并改变状态寄存器的值，令机器进入一个新的状态。

4. 一个状态寄存器。它用来保存图灵机当前所处的状态。图灵机的所有可能状态的数目是有限的，并且有一个特殊的状态，称为停机状态。注意这个机器的每一部分都是有限的，但它有一个潜在的无限长的纸带，因此这种机器只是一个理想的设备。图灵认为，这样的一台机器就能模拟人类所能进行的任何计算过程。

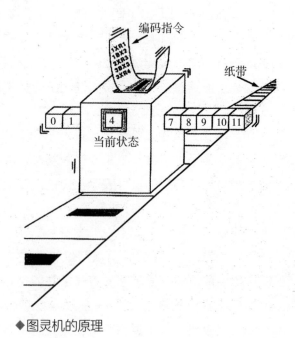

◆图灵机的原理

图灵及一些其他先驱者都认为，基于图灵机模型的理论可以解决计算理论的所有问题。他们觉得自己找到了一个非常完美的，或者说是唯一的计算模型。之后的很多年，大家都抱有同样的想法。但是自二十世纪六七十年代起，一些极具创新精神的科学家开始思考计算的本质。他们重新审视计算这个概念，思考如计算过程中需要消耗多少能量等问题。一些科学家也在思考利用量子理论进行计算的可能性，其中最早期的工作见于俄罗斯数学家尤里·曼宁的著作《可计算和不可计算》。

同一时期，美国物理学家理查德·费曼也在思考类似的问题。在1959年，他就在美国物理学年会

◆理查德·费曼

上作过*There's plenty of room at the bottom*（《在底部还有很大空间》）的报告。他在报告中阐述了通过组装分子甚至原子的方式组装产品的设想，并提出了问题：为什么我们不能将《大英百科全书》印在针头上？1981年，扫描隧道显微镜（STM）被正式发明，其能看到原子的微观外形，这也是人类首次看到"纳米"。当看到纳米技术的快速发展后，费曼在1984年又一次作了*Tiny machines*（《微型机器》）的报告，并初步提出了量子计算的想法。同年，费曼发表了题为*Simulating Physics with Computers*的文章，这是量子计算领域初始阶段的一个重要工作。

费曼在以上工作中思考了两个问题，第一个问题：计算机是否能够有效地模拟量子系统？对计算机科学家来说，这是一个非常重要的问题。我们频繁使用经典计算机去计算和解释物理现象，并且实际上，计算效果确实非常好。这是因为经典物理现象都能用微分方程进行描述，而恰好经典计算机非常擅长解决这类问题。在很多领域，经典计算机都能非常好地模拟物理系统。但是费曼思考的是，如果不仅仅考虑经典物理，而且考虑量子物理的情形。虽然在量子理论中，仍用微分方程来描述量子系统的演化，但变量的数目却远远多于经典物理系统。费曼提出了这个问题，而他的结论是，这是不可能的。因为目前没有任何可行的方法，可以求解出这么多变量的微分方程。

他当时说："该死的，大自然不是经典的；如果你想要对大自然进行模拟，最好把它变成量子力学；天哪，这是很棒的问题，但不是那么容易解决。"接下来，他提出了另一个问题，这是一个非常重要且极具创新性的问题：如果我们放弃经典的图灵机模型，是否可以做得更好？他问道："如果我们拓展一下计算机的工作方式，不是使用逻辑门来建造计算机，而是一些其他的东西，比如分子和原子。如果我们使用这些量子材料，它们具有非常奇异的性质，尤其是波粒二象性，是否能建造出模拟量子系统的计算机？"受限于当时的技术水平，费曼也没有合适的方案，然而，这却引起了人们广泛的关注。基于费曼关于量子计算的构想，牛津大学教授戴维·多伊奇在1985年提出了量子图灵机的概念，并第一个证明了量子算法在一些特定的问题上可以比经典算法更快。至此，量子计算已经开始萌芽，计算机和量子开始结合在一起了。

量子"分身"

对于经典计算机，我们首先输入一系列的比特信息，通过数字逻辑来进行运算，然后获得输出结果。经典计算机可以进行并行运算，将处理的问题分割为多个独立处理的子任务，然后分别交给每一个运算单元进行处理，最后将结果汇总整理。比如计算机要解决寻找迷宫出口的问题，一般的做法是从入口开始，每遇到一个分叉点就把情况分成两种并分别分配给两个队伍（运算单元），分开探索接下来的路线，直到有一个队伍（运算单元）找到出口为止。简单来说，计算机处理问题的能力和运算单元的数目呈线性关系。

而作为对比，量子计算机的基本计算位称为量子比特，由微观粒子进行表示。量子计算机的秘密武器在于微观粒子的量子态具有叠加性：N个量子比特能同时表示的状态则有2^N种。当对N个量子比特施加操作，可以同时改变2^N种状态，这就是所谓的量子并行性。再以上面的走迷宫为例，由于N个量子比特能同时表示2^N种状态，形象地说就是可以同时派出2^N个"分身"进行探索迷宫。对于同样多的可以操作的比特，量子计算机相对于经典计算机可以极大地加速。

◆经典计算机和量子计算机的迷宫走法

因此，可以看到量子计算的优势在于量子态的叠加性。当然，这里有个前提是在计算过程中可以保持量子比特的叠加性。没有叠加性，量子加速将是空中楼阁。而实际上，量子计算的研究历程就是和量子相干性丢失的过程作斗争的历史。

经典比特与量子比特

计算机的基本运算单元是比特，有0、1两种状态，一般用高电平、低电平表示。与之对应，量子比特（Qubit）是量子计算机的基本组成单元，其物理载体可以是光子、电子、原子以及一些人工制造的原子等。量子比特有两个特殊的状态与经典比特状态对应，记为$|0\rangle$和$|1\rangle$。和经典比特有着重要区别，量子比特可以处于$|0\rangle$和$|1\rangle$的叠加态，并且，这是一种相干叠加。如果将比特的状态和球面上的坐标点进行对应，量子比特可以用球面上的任意一个坐标点表示，而经典比特只能表示南极点或者北极点。

◆经典比特与量子比特

量子计算的过程可以分成三个阶段:

1. 初态制备。把所有的量子比特制备到一定的初始状态, 一般是系统的基态。

2. 量子比特操作。根据特定的算法对量子比特进行操作。

3. 末态测量。对最终的量子态进行测量, 得到计算结果。虽然量子比特的状态是相位相干的, 但是由于测量导致的量子态塌缩, 最后每个比特只会出现0或者1的状态。

我们知道, 经典计算机可以把计算过程拆解成一系列的逻辑门进行操作, 或者说, 存在一系列的基本的逻辑门可以实现经典计算机的任意逻辑运算。研究人员发现, 在量子计算中, 同样可以通过一些基本的量子逻辑门实现任意的量子计算, 从而量子计算机是普适的。这些普适的量子逻辑门为相位门、哈达玛(Hadamard)门以及受控非门(或受控相位门), 它们的作用表现为:

相位门是某一量子比特的两个量子态间获得相对相位。

哈达玛门是量子态处于等权重叠加态。

受控非门是利用其中一个量子比特控制另外一个比特的翻转。

相位门、哈达玛门以及受控非门的矩阵及量子线路符号表示如下页图所示。

$$\begin{pmatrix} 1 & 0 \\ 0 & i \end{pmatrix} \qquad \frac{1}{\sqrt{2}}\begin{pmatrix} 1 & 1 \\ 1 & -1 \end{pmatrix} \qquad \begin{pmatrix} 1 & 0 & 0 & 0 \\ 0 & 1 & 0 & 0 \\ 0 & 0 & 0 & 1 \\ 0 & 0 & 1 & 0 \end{pmatrix}$$

| 相位门 | 哈达玛门 | 受控非门 |

◆量子逻辑门

屠龙之术：量子算法

在知晓了量子叠加态的强大威力之后，我们还必须知道如何运用这股强大威力，否则就是空有屠龙之刀，而无屠龙之术。

下面，我们看这样一个问题：现在有一个包含4个卡牌的卡牌组，这个卡牌组有两种可能，要么花色完全相同，要么红黑各占一半。为了简化，我们假定红黑卡牌都是分别连在一起，并且翻牌的时候只能按

◆卡牌组

顺序翻牌。请问：在经典情况下至少需要翻多少次才能确定卡牌的类型？如果用量子算法的话，最好的情况是需要多少次？

对于经典情况来说，这个问题的答案很明显：需要3次。而对于 2^N 个卡牌，我们需要翻 $2^{N-1}+1$ 次也可以确定卡牌的类型。

现在我们来研究在量子算法下需要多少次。为了研究这个问题，戴维·多伊奇把问题转化成一个数学问题：假设有一个只有一个变量的函数 f，输入为0或者1，输出也为0或者1，这样的函数共有4种类型，分别记为 f_0、f_1、f_2 和 f_3。

对于函数 f_0，$f_0(0)=f_0(1)=0$（全是红色卡牌）；

对于函数 f_1，$f_1(0)=1,f_1(1)=0$（先翻红色后翻黑色卡牌）；

对于函数 f_2，$f_2(0)=0,f_2(1)=1$（先翻黑色后翻红色卡牌）；

对于函数 f_3，$f_3(0)=f_3(1)=1$（全是黑色卡牌）。

函数 f_0 和 f_3 称为常值函数，f_1 和 f_2 称为平衡函数。现在问题转化为：随机给定四个函数中的一个，我们需要测试多少次才能确定这个函数是常值函数还是平衡函数？为了用量子算法处理这个问题，多伊奇设计了以下的量子线路：F_i 是包含待测函数的量子电路，其满足特定的关系。该电路的作用是输入一些量子比特，然后通过输出量子比特的状态判断电路包含的函

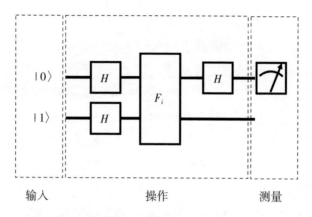

◆多伊奇算法采用的量子线路图

数是常值函数还是平衡函数。

　　多伊奇发现，通过输入两个量子比特进行演化并测量其中一个量子比特的状态一次就能判断f是什么类型的函数。对于有2^N个卡牌，需要N个量子比特输入，然后也是测量一次就能得到结果，而经典情况下则需要操作$2^{N-1}+1$次。因此，量子计算在该问题上确实比经典计算实现了加速。虽然多伊奇算法没有实际应用，但是它是第一个证明量子算法比经典算法快的例子，揭开了量子计算真正的序幕。

　　在费曼和多伊奇的工作之后，量子计算引起了人们的研究兴趣。然而，由于后续并没有太多有价值的算法被发现，并且操控单量子态的技术还没发展起来，研究因此沉寂了近10年。量子计算再度引起人们的重视，则是贝尔实验室的彼得·肖尔在1994

年提出的肖尔算法。实际上,肖尔一开始主要研究算法复杂性,与量子计算并无交集。事情的转机发生在1993年的国际计算科学会议(Foundations of Computer Science)上。当时丹尼尔·西蒙给该会议提交一篇关于量子算法的论文,其核心是量子态概率幅的放大。利用这个性质,可以筛选出量子态的某个分量的大小。根据这篇文章,肖尔自己动手把量子振幅放大的概念推广到连续的情况,提出了量子傅里叶变换的概念,进而得到素数分解和离散对数问题的多项式时间量子算法。肖尔算法对RSA加密(是现代密码体系的主流方式之一)极具威胁性,一经发现便带来巨大影响。同时,也进一步坚定了科学界研究量子计算机的决心。

1996年,同样是在贝尔实验室工作的计算科学家洛夫·格罗弗(Lov Grover)提出了随机数据库的量子搜索算法,这被认为是继肖尔算法后的第二大算法。量子计算的两大算法都诞生在著名的贝尔实验室。对于随机数据库搜索,传统算法只能是一个个挨着比对,这样平均查找次数为 $N/2$(N 为数据总量)。量子搜索算法的核心同样是前面提到的振幅放大,其可以将搜索的次数从经典的 $N/2$ 次减少到 $\sqrt{N}$ 次。虽然该算法并没有实现指数加速,然而对于大量的数据检索来说,平方根的加速同样可以节省不少时间。

量子计算利用了量子态叠加导致的并行特性，从而实现指数加速。然而，利用并行运算得到的结果同样是所有可能状态的叠加，直接对最终状态进行测量并不会得到我们想要的结果，为此，我们需要对需要的结果的概率幅进行放大，即量子振幅放大。例如，a、b两个比特组成的双量子态，其得到|00〉、|01〉、|10〉、|11〉的概率各为1/4。为了能以尽可能大的概率得到我们需要的状态，可以利用特定量子门的作用，将我们想要获得的量子态的概率从1/4变成1，实现振幅放大。

2009年，麻省理工学院的三位科学家哈罗（Aram Harrow）、哈西丁（Avinatan Hassidim）和劳埃德（Seth Lloyd）共同提出了一种求解线性系统的HHL量子算法。线性系统是很多工程领域的核心，由于HHL量子算法在特定条件下实现了相较于经典算法指数加速的效果，这是未来能够使机器学习、人工智能技术得以突破的关键性技术。

从以上的描述可以看到，正是由于有这些实用算法的存在，量子计算不再是科学家们的"玩物"，而是一种有着强大潜力的计算工具。

量子虽好，仍需琢磨

然而，仍然有很多问题摆在科学家面前，其中最重要的是如何纠正在操作和传输过程中的量子比特发生的错误。量子比特的威力来自它的相干特性，它是衡量量子比特性能的重要指标，决定了量子计算能执行的计算深度，而这个相干特性很容易受到环境的影响而失去，变成和经典比特无异。为了尽可能早地发现量子比特的错误并将其纠正，人们需要开发量子版本的纠错算法。经典纠错码的思想是冗余编码，通过重新加入一些有用的额外信息来帮助纠错。一种简单的纠错码是重复码，其通过重复编码的方式来将错误的概率降到可忽略不计。

经典和量子纠错的关系有点像CD光盘和黑胶唱片的关系。CD光盘是通过数字信号记录信息，它包含纠错机制，即使光盘被刮花了一点，数字纠错码通常可以算出错误的位置并纠正。而黑胶唱片记录的则是模拟信号，可以无损地记录信息，这就是人们觉得黑胶唱片音质更好的原因。然而，这也带来了一些使用上的不便，在使用黑胶唱片时必须小心翼翼，一旦唱片被刮花了，损坏就是不可修复的。在量子纠错问题上首先做出重要贡献的同样是肖尔，他在1995年在经典纠错码的基础上提出了量子版本的纠错码。将经典纠错码推广到量子情形，将遇到两个问题：第一个问题是量子比特表示的是$|0\rangle$和$|1\rangle$的连续叠加的状态，不同于经典的只是0和1的两种情形；第二个问题是量子不可克隆定理告诉我们未知的量子态是不可

复制的，也就不能像经典情形那样把量子态重复很多份。为了解决这些问题，肖尔采用了如图所示的量子纠错编码的核心线路：这是一个由两个控制非门组成的线路，其中输入端最上面的比特是想要编码的，另外两个为辅助比特都是|0⟩，经过第一个控制非门量子比特状态将变成a|0⟩|0⟩|0⟩+b|1⟩|1⟩|0⟩，经过第二个控制非门将得到我们所需要的状态a|0⟩|0⟩|0⟩+b|1⟩|1⟩|1⟩，从而完成了量子版本的纠错。另外，实际上3个比特经过控制非门的操作后处于纠缠态，所以纠缠对于量子计算来说也是必不可少的资源。

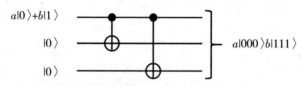

◆量子纠错编码的核心线路

目前，量子计算面临的主要问题是要在大规模的量子比特体系实现高保真度的操作，用以实现可纠错的量子计算。用于量子纠错编码的物理量子比特数目依赖于物理量子比特的量子门操作保真度。通常来讲，物理量子比特的量子门操作保真度越低，需要的用于编码每个逻辑量子比特的物理量子比特数目就越多。例如，用表面码（surface code）编码方式纠错，为了将物理量子比特的量子门操作出错率控制在0.01，需要成千上万个物理量子比特来编码一个逻辑量子比特。为了保证逻辑运算可靠进行，同时进一步降低对物理量子比特门保真度的要求，降低量子计算机物理实现的技术难度，一个简单的想法是使用码距更大、能纠正更多错误的大码（如Steane码）。但是，目前量子计算系统物理量子比特门出错率会随着集成的物理量子比特数上升而上升，这妨碍了通过增大纠错码的纠错能力来提高量子计算机的计算可靠性。因此，提高物理量子比特的量子门操作保真度就变得非常必要。

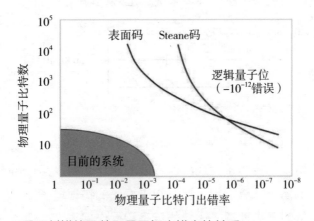

◆量子纠错编码数和量子门出错率的关系

至此，量子计算的一切要素（量子比特、量子算法、量子纠错）已经具备，实现量子计算的想法是切实可行的。

华山论剑：量子计算机的物理实现

以上谈到了量子计算如何利用量子特性加速计算的原理，人们已经证明了量子计算在原理上是可行的，剩下的问题是如何在物理上实现量子计算机，实际上，这也是当前量子计算研究最关键的问题。下面，我们对一些有可能实现量子计算的物理体系进行介绍。

1. 离子阱

离子阱是最早用于量子计算研究的，同时也是目前操作保真度最高的物理体系。离子阱并不是一个新颖的装置，早在1950年左右它就被用于改进光谱测量的精确度。沃尔夫冈·保罗发明了这种装置并因此获得了1989年的诺贝尔物理学奖。离子阱的原理是使用交变电场来束缚带电粒子。1995年，奥地利因斯布鲁克大学的伊格纳西奥·西拉克（Ignacio Cirac）和彼得·佐勒（Peter Zoller）提出了用离子阱来构建量子计算机的模型。这个模型的基本思想是利用一个势场底部较为平坦的陷阱（线性离子阱）将很多离子排成一条直线，形成一维的离子（量子比特）阵列，再借由操控个别量子比特状态，或者不同量子比特的状态达到量子计算的目的。

◆离子阱示意图

在一个长度约1cm的电极上施加上千伏的射频交流场，离子将束缚在径向上；两端的环形电极施加上千伏的恒定电场，用于提供轴向的束缚电场。由于离子间存在库仑相互作用，当所捕获的离子间的库仑相互作用力和束缚力达到平衡时，每个离子会在自己的平衡位置附近作小幅度的振动，此时离子和离子之间的距离大约为10 μm。值得注意的是，由于离子之间因库仑相互作用而产生耦合，它们各自的运动不再独立，而存在集体运动的关联，这也是离子阱系统用于实现量子纠缠的关键。在离子阱方案提出后，同样是因斯布鲁克大学的一个研究小组在2003年利用失谐激光和激光冷却实现了控制非门，并于同年实现了多伊奇算法。2018年，美国量子初创公司IonQ公布了其研发的量子计算机，最多可以具有160个量子比特。虽然最大比特数可以做得很多，但该系统要进行高精度操控只能在少量比特情况下。据报道，该系统在装载13比特数的情况下，单比特操作的平均保真度为99%，双比特平均保真度为98%，计算深度可达到79个单比特逻辑门和11个双比特逻辑门。

2. 超导系统

超导量子计算是目前发展最快的研究方向，其核心部分是约瑟夫森结。约瑟夫森结是基于超导隧道效应制造的器件。在样品衬底上镀一层超导金属膜，继续在其上形成厚度很薄的绝缘氧化物层，在氧化物上再镀一层超导金属膜就得到一个超导-绝缘-超导结，这就是约瑟夫森结。理论和实验都证明了，当绝缘层的厚度在100 nm左右时，由于隧道效应，绝缘层会出现少量的超导电子而具有弱超导特性。1999年，人们在实验上观测到约瑟夫森结相干的量子振荡，这是人们首次观测到固体中的宏观量子相干现象。此后，研究人员利用射频超导量子干涉仪（SQUID）中的磁通、直流超导量子干涉仪中的电流分别实现了量子比特的编码。2003年，研究人员首次实现了两比特的控制非门。目前，谷歌、IBM、英特尔等企业均在积极开展超导量子比特的实验研究。2018年3月3日，谷歌量子人工智能实验室发布"悬铃木"量子处理器。该处理器包含72个量子比特，单量子门的最高保真度为99.9%，两量子比特门的最高保真度为99.4%。

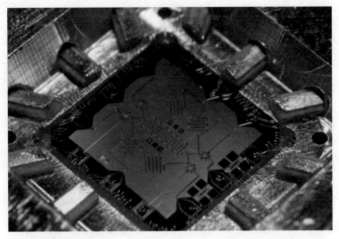

◆超导量子芯片

　　2021年5月7日，中国科学技术大学潘建伟院士团队成功研制了目前国际上超导量子比特数最多的量子计算原型机"祖冲之号"，操纵的超导量子比特达到62个，并在此基础上实现了可编程的二维量子行走。研究团队在二维结构的超导量子比特芯片上，观察了单粒子及双粒子激发情形下的量子行走现象，研究了二维平面上量子信息传播速度，同时通过调制量子比特连接的拓扑结构的方式构建马赫-德尔干涉仪，实现了可编程的双粒子量子行走。据悉，该成果为超导量子系统实现量子优越性，以及后续研究具有重大实用价值的量子计算奠定了技术基础。此外，基于"祖冲之号"量子计算原型机的二维可编程量子行走，在量子搜索算法、通用量子计算等领域具有潜在应用价值，也将是后续重要的发展方向。

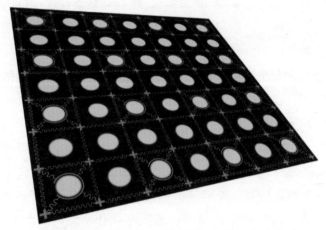

◆二维超导量子比特芯片示意图，每个橘色十字代表一个量子比特

3. 原子阵列

原子阵列是通过光学陷阱捕获的一系列原子。原子阵列用于量子计算的构想源于两个方面：一方面是费曼关于模拟凝聚态晶格系统的工作；另一方面则是多伊奇提出的在光学陷阱中的中性原子进行量子计算的方案。由于中性原子不带电，所以无法像离子阱一样进行束缚。然而，利用光的偶极力效应，人们可以束缚原子，并使原子之间的距离保持在几个微米左右。由于原子阵列推广到二维和三维情况非常容易，该体系可以在$1mm^2$的范围内集成数千个单原子。由于原子不带电，所以其不受环境中的电磁场的影响而

保持很好的相干性，基于原子阵列的计算深度可以做得很长。为了实现两比特门，我们需要实现原子间的相互作用，一般是通过两种方式：基态碰撞和里德堡态相互作用。由于微观粒子的全同性，基态原子在碰撞时会发生自旋交换的相互作用；而当原子处于里德堡态时，核外电子会发生强烈的相互作用，从而影响彼此的状态。

1998年，研究人员成功地把大约100万个原子俘获在一个三维晶格中。2002年，研究人员做到了每个格点只有一个原子。通过调节激光可以使原子靠近发生相互作用，从而完成两量子比特操作。2017年，法国国家科学院和法国巴黎萨克雷大学合作实现了三维组装的原子阵列。2020年，美国加州理工学院基于锶原子和里德堡相互作用开发的单比特量子门及双比特量子门保真度均超过了99%。

◆原子阵列示意图

4. 其他候选物理体系

除了上述几个物理体系外，还有其他候选体系也在探索实现量子计算的可能性，比如半导体量子点、线性光学体系和拓扑量子计算体系等。

半导体量子点是基于现有半导体工艺的一种量子计算物理实现方法。在平面半导体电子器件上制备出的单电子晶体管，其电子服从量子力学运动规律，电子自旋的向上和向下组成的系统可作为一个量子比特。根据电子的泡利不相容原理，通过自旋和电荷之间的关联，可以通过普通的电子开关（门）对电子自旋进行控制，完成包括单量子比特操作、两量子比特操作及结果读出等在内的对电子自旋编码的量子比特的各种操作。半导体量子点体系具有良好的可扩展性。此外，半导体量子点的制备与现有半导体芯片工艺完全兼容，因而成熟的传统半导体工艺可为半导体量子点的技术实现带来极大便利。但是半导体量子点体系受周围核自旋影响严重，面临退相干以及保真度不足两大挑战。2004年，荷兰代尔夫特理工大学的团队在半导体器件上首次实现了自旋量子比特的制备。3年后，其又在同一块半导体量子点器件上实现了量子比特制备、量子逻辑门操作、量子相干与测量等自旋量子计算的全部基本要素。2014年，英国新南威尔士大学获得了退相干时间为120 μs、保真度为99.6%的自旋量子比特。2017年，日本理化学研究所在硅锗系统上获得了退相干时间为20μs、保真度超过99.9%的量子比特。

光学量子计算是基于测量的量子计算方案，利用光子的偏振或其他自由度作为量子比特。光子是一种十分理想的量子比特的载体，以常用的量子光学手段即可实现量子操作。光学量子计算根据其物理架构分为两种：线性光学量子计算和团簇态光学量子计算。线性光学量子计算仅使用单光子、线性光学和测量，目前已经实现了光子—光子之间的两量子位的逻辑操作。团簇态光学量子计算由一个高度纠缠的呈团簇态的多粒子态组成，与单量子测量和前馈相结合，实现可扩展的通用量子计算，具有降低整体复杂性和放宽测量过程的物理需求，以及物理资源的更有效利用等技术优势。目前，我国研究团队已经在实验室产生了同时具备高效率（33%）、高纯度（97%）和高全同性（90%）的高品质单光子源和基于参量下转换的10光子纠缠。在此基础上，光学量子计算的基本操作（如概率性的控制逻辑门）和各种算法（大数分解算法、数据库搜索、线性方程组求解算法、机器学习、波色取样等）的简单演示验证也已经实现。

2020年12月4日，潘建伟院士团队成功构建了76个光子100个模式的量子计算原型机"九章"，其处理高斯玻色取样的速度比超级计算机快一百万亿倍，我国由此实现量子优越性。2021年，潘建伟院士团队又成功构建了113个光子144模式的量子计算原型机"九章二号",并实现了相位可编程功能,这使得我国在研制量子计算机之路上又迈出重要一步。

◆ "九章"量子计算原型机

　　拓扑量子计算是建立在全新的计算思路之上的,其应用任意子的交换相位和交换过程的"编辫"程序实现量子计算的信息处理。其构造的量子计算对环境干扰、噪音、杂质有很强的抵抗能力。但拓扑量子计算尚停留在理论层面,实际上还未把这些理论付诸实践。

　　下图为几种常见的物理体系的系统参数比较。可以看到,离子阱和原子阵列的相干时间都很长,达到分钟量级,然而,相应的操作时间也比较长。超导体系和半导体体系的相干时间比较短,然而操作时间也比较短。总的来说,各个物理体系的操作时间或相干时间的比值大体上差别不大。因此，系统的可操作性和相干时间是比较矛盾的关系。目前，还没有哪个物理体系呈现出必然会是量子计算机的最佳实现方案，关于量子计算的物理实现仍然在如火如荼地开展。

	离子阱	超导	原子阵列	半导体	光学
比特操作方式	全电	全电	全光	全电	全光
比特数	20	72	125	6	9
相干时间	>1000s	50us	10s	100us	10us
两比特门保真度	99.9%	99.4%	99%	92%	97%
两比特门操作时间	10us	50ns	10us	100ns	—
可实现操作数	10^8	10^3	10^6	10^3	—

◆几种物理体系在实现量子计算性能方面的比较

2.3
量子计算路在何方

量子计算机火了

在人们确认了量子计算的可行性后，量子计算机的研制一直是在实验室当中进行的，人们对于量子计算的期望也是比较保守的。然而，后面发生了一件事情却极大地改变了人们的观念。

2007年，加拿大的初创企业D-Wave宣布研制成功并发布了一台16位量子比特的超导量子计算机，并可以用来执行量子退火算法（一种数学上的优化算法）。一开始，人们普遍质疑。随着后续的研究对比，研究人员确认了该系统确实可以达到一些优化算法的效果，虽然其离真正的量子计算仍有一段距离。

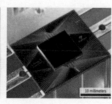

◆左：D-Wave公司产品；中：谷歌"悬铃木"芯片；右：IBM量子计算平台

71

后来，IBM、谷歌、微软、英特尔等巨头纷纷宣布进军量子计算机科研和应用领域。

近年来，世界各国相继出台量子信息技术发展战略，加入量子竞赛的角逐中，力争抢占新兴技术制高点。早在 2002 年，美国就制定了《量子信息科学和技术发展规划》，以每年约2亿美元的投入力度，持续支持量子信息各领域研究。在全球量子信息技术加快发展的背景下，美国进一步加大投入，2018年12月通过《国家量子行动计划（NQI）》，同期发布《量子信息科学国家战略概述》，规划推动量子计算、量子通信以及量子传感与精密测量等领域的研究，同时设立 3~6 个量子创新实验室，建立全美量子科研网络，推动量子计算接入计划；美国还将量子信息技术设置成出口管制重要领域。英国2015年正式启动"国家量子技术计划"，建立量子通信、传感、成像和计算四大研发中心，开展学术与应用研究。欧盟2016年推出为期10年、总投资额超过10亿欧元的"欧洲量子技术旗舰计划"，并于2018年10月启动首批19个科研类项目。2019年7月，欧盟十国签署量子通信基础设施计划，探讨未来10年在欧洲范围内将量子技术和系统整合到传统通信基础设施之中，以保护智能能源网络、空中交通管制、银行和医疗保健设施等加密通信系统免受网络安全威胁。德国在2018年9月提出《量子技术——从基础到市场框架计划》的报告，拟于2022年前投资6.5亿欧元促进量子技术发展与应用。俄罗斯2019年12月宣布投资 7.9亿美元用于量子信息领域。印度在2020年2月推出了一个涉及11.2亿美元的量子信息 5 年规划。

我国对量子信息技术发展与应用高度重视，已将量子信息列入国家战略层面予以支持。"十三五"期间，《国家科技创新规划》《国家重大科技基础设施建设中长期规划》《关于印发"十三五"国家基础研究专项规划的通知》等重点布局支持量子信息技术，并启动"量子调控与量子信息"重大专项。

量子计算路线图

量子计算的发展大致可分为三个阶段：第一个阶段是实现"量子优越性"或称"量子霸权"，即量子模拟机针对特定问题的计算能力超越经典超级计算机，这一阶段性目标已在2019年9月实现；第二个阶段是实现具有应用价值的专用量子计算系统，可在组合优化、量子化学、机器学习等方面发挥效用；第三个阶段是实现可编程的通用量子计算机，能在经典密码破解、大数据搜索、人工智能等方面发挥巨大作用。实现通用可编程量子计算机还需要全世界学术界的长期艰苦努力。

除此之外，量子计算行业内也形成了这样的共识：量子比特的规模并不是衡量量子计算机性能的唯一标准。量子计算机是一个非常复杂的系统，从软件到硬件，从测控到量子芯片，各个环节都需要精心打造。因此，仅仅聚焦于量子比特的数目，往往容易"一叶障目"，量子计算机的性能未必能真正发挥出来。在进行量子计算机的研发过程中，也应该避免这种仅仅追求量子比特数目的做法，避开仅关注某项指标而忽略其实用性的误区。为了解决该问题，2018年IBM提出了量子体积的概念用来衡量量子计算机的性能。与经典计算机不同，量子计算机的性能主要包含三个方面：量子比特的数量、量子线路的可达深度、错误率。其中，量子比特的数量表明了量子计算机能够表示的信息规模，可与经典计算机中存储器的容量相对应。量子线路的可达深度表明了量子计算机的计算能力。当线路的深度超过量子计算机最大可达深度

◆量子体积包含的重要指标

74

时，量子计算机就会出现错误。目前，最大可达线路深度是制约量子计算机实用化的另外一个重要指标。

互相补充的量子和经典计算机

随着量子计算机的崛起，人们开始思考量子计算机和经典计算机的作用关系。有些乐观的人认为量子计算机在未来将全面取代经典计算机，而有些悲观的人则认为量子计算机仅仅是个"玩具"，担当不起大任。在大部分量子计算行业的专家看来，量子计算机和经典计算机将会是一个互补的关系，这个关系比较像激光和灯泡的关系。灯泡是我们经常用到的东西，可以满足我们大部分的日常需求。而激光则用于切割金属、测量距离等一些比较专业的问题上。灯泡和激光各有用处，谁也代替不了谁。量子计算机和经典计算机也一样，经典计算机解决日常普遍而不会出现指数增长的问题，而量子计算则可以专门用于解决这一类指数增长的问题，而这些问题随着量子计算机的出现会越来越多地被挖掘出来。

◆量子计算机和经典计算机的关系

至于真正可使用的量子计算机究竟何时到来，当前可以保持审慎乐观的态度。回看经典计算的发展，经典计算机从理论框架的完成到原型机，再到进入民用跨越了将近50年的时间，而从图灵机到第一代晶体管计算机则用了25年，直到1970年左右才进入快速发展的阶段。目前，量子计算机从概念的提出到初步展现量子优越性已经过去了30年的时间。有理由相信，我们接下来将可以见证量子计算的快速发展。

最后，我们给读者展现一幅图画。1955年，人们正在移动一个5M的硬盘。也许当时的人们很难想象，今天我们随身携带的U盘已经可以存储1T的数据量（1T=10^6M）。

◆1955年，人们正在移动一个5M的硬盘

第三章　量子通信

　　量子通信是利用量子效应进行信息传递的新型通信方式，主要分为量子密钥分发和量子隐形传态两种。量子密钥分发是利用量子的不可克隆性对信息进行加密，实现无条件绝对安全的保密通信。量子隐形传态是利用量子的纠缠态，实现量子态的信息传输。我国从20世纪90年代开始进行量子通信领域的研究，近几年来，我国在量子通信方面取得了突出的成绩。2016年8月16日，世界第一颗量子科学实验卫星"墨子号"成功发射。2017年，世界首条量子保密通信干线"京沪干线"建成。这一系列的科技成果使得量子通信已经成为我国具有世界领先水平的尖端技术。

3.1
经典加密

通信是指人与人或人与自然之间通过某种行为或媒介进行的信息交流与传递。随着近代通信的迅速发展，也带来了信息保密问题。在日常生活中，信息被非法截取和数据库资料被窃的事件经常发生，如信用卡密码被盗等。数据失密有时会造成严重后果（如金融信息、军事情报等），所以数据保密成为十分重要的问题。

二战中的密码攻防战

在近代，信息保密技术最早是在书写、电话与电报中应用。1881年，电话发明不久就有人申请了保密电话专利。历史上，围绕密码信息的保密与破译的攻防是战争中的一个重要环节。

据路透社报道，英国安全局曾解密的一批文件，首次向世人展示了第二次世界大战时英国情报部门的工作成果，破译"裙中密码"就是其中著名的一起。二战期间，盟军的检查员截获了一张设计图纸。这

◆二战时的恩尼格玛（Enigma）密码机

张设计图纸上是3名年轻的模特，她们穿着时尚的服装。表面上看起来，设计图纸很寻常，然而这张看似"清白"的图纸没能瞒过英国反间谍专家们的眼睛。原来纳粹特工利用摩尔斯电码的点和长横等符号作为密码，把这些密码做成装饰图案，隐藏在诸如模特的长裙、外套和帽子等图案中。

　　二战中，日本在中途岛惨败之后，为了鼓舞士气，日本海军联合舰队司令山本五十六决定于1943年4月18日到卡西里湾前线机场接见飞行员，并将这一决定以密电形式告知前线机场。美国情报部门截获并破译了这一密电，于是美国政府决定不惜一切代价击落山本五十六乘坐的飞机。4月18日早晨，山本五十六和他的部属乘飞机向卡西里湾飞来。早已等候多时的16架美国P-38型远程战斗机立即升空截击，并成功击毙山本五十六。

如何才能保密？经典的信息科学方案

信息保密技术是利用数学或物理手段，对信息在传输和存储过程中进行保护以防他人窃取的技术。信息保密技术又分为信息加密技术和信息隐藏技术。20世纪初，人们开始了"密码术"的研究，20年代诞生了保密电报，40年代末信息科学的奠基人、科学家香农把信息论、密码学和数学结合起来，提出了系统的保密通信理论。20世纪50年代以后，大部分加密系统都建立在窃密者不知密钥而又难以计算的基础上。

保密除了要有密码，还要有保密算法，这个算法可以看作是编码规则，只靠这个编码规则可以保密吗？显然是不能的，因为别人也会知道这个算法，也会推导这个算法，你用的算法也在别人的"思考范围之内"；所以靠把一个规则"死保"是不现实的。例如，把算法以机器的形式固定下

◆香农

来，那么敌人一旦得到一台机器，就可以知道算法，机密一下全外泄了。

另一种是算法不刻意保密，但是使用双方持有各自的密钥，这样才能互相解密对方发过来的信息，密钥定期更换，刻意根据实际情况配发给各个不同的使用者，这样即使一部分人的密钥外泄，也不至于殃及全局。这个办法也是最常用的，是目前看来最好的选择，也是目前密码学最主要的领域。

香农证明了一个数学定理：密钥如果满足三个条件，那么通信就是"绝对安全"的。这里说的"绝对安全"是指敌人即使截获了密文，也无法破译出明文，能做的只是瞎猜而已。这三个条件是：①密钥是一串随机的字符串；②密钥的长度跟明文一样，甚至更长；③每传送一次密文就更换一次密钥，即"一次一密"。满足这三个条件的密钥叫作"一次性便笺"。

密码技术发展到现在，现代密码学不断地引入数论、计算数学、伪随机序列、沃代函数、快速傅里叶变换等数学工具，提高了保密通信的保密度。20世纪70年代，密码技术专家迪菲和赫尔曼提出了公开密钥的保密体制。其利用一类特殊阀函数（正变换很容易，反变换很困难）。因此，在甲对乙通信中，甲用乙公开的密钥加密，乙用自己选定的阀函数解密，从而达到了信息保密的目的，其简化了密钥分配问题，在此基础上，发展出现在广为使用的RSA公钥安全算法。

对称性加密：一次一密

1917年，弗纳姆（Vernam）发明了一次一密，并为此申请了专利。一次一密，又称一次性密码本，发送方利用一次性密码本加密待传递的信息，接收方再根据一次性密码本反向翻译出信息。一次性密码本必须是随机产生的，而且至少和被加密的文件等长，只能用一次。理论上，一次一密具有完善的保密性，是牢不可破的。

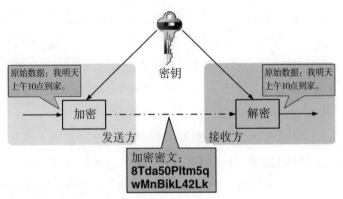

◆对称性加密原理

其具体操作方法：首先要有一本一次性密码本，接着将一次性密码本里的字母，与被加密文件的字母依序按某个事先约定的规定——相混，其中一种方式是将字母指定为数字（将英文字母A至Z依序指定为0至25），然后将一次性密码文本上的字母所代表的数字和被加密文件上相对应的数字相加，再除以该语言的字母数后获取其余数。假设字母数是n（英语为26），若就此得出来的某个数字小于0，则将该小于0的数给加上n，如此便完成加密。

示例，如果要加密消息"I am a student"，而用以加密的一次性密码本为"MHTFK AEXLFD"，则利用指定数字的方法，可分别将两者做以下转换：

I am a student → 8 0 12 0 18 19 20 3 4 13 19

MHTFK AEXLFD → 12 7 19 5 10 0 4 23 11 5 3

两者依序相加后得到的消息为20 7 31 5 28 19 24 26 15 18 22

将以上得到的消息除以26后取余数得20 7 5 5 2 19 24 0 15 18 22

它也就变成为UHFFCTYAPSW

而若要解密以上消息，反向操作即可。

非对称性加密：RSA 加密

RSA加密算法是一种非对称加密算法，在公开密钥加密和电子商业中被广泛使用。RSA是由罗纳德·李维斯特（Ron Rivest）、阿迪·萨莫尔（Adi Shamir）和伦纳德·阿德曼（Leonard Adleman）在

1977年一起提出的，并于1978年申请了专利。RSA就是他们三人姓氏首字母拼在一起组成的。如今，RSA加密算法被广泛应用于加密计算机间通信的数据，它还被应用于网上银行和信用卡的网上购物等。

根据数论，寻求两个大素数比较简单，而将它们的乘积进行因式分解却极其困难，因此可以将乘积公开作为加密密钥。对极大整数作因数分解的难度决定了 RSA 加密算法的可靠性。换言之，对一极大整数作因数分解愈困难，RSA 加密算法愈可靠。假如有人找到一种快速因数分解的算法的话，那么用 RSA 加密的信息的可靠性就会极速下降。但找到这样的算法的可能性是非常小的。今天只有短的 RSA 钥匙才可能被强力方式破解。到目前为止，世界上还没有任何可靠的攻击RSA加密算法的方式。只要其钥匙的长度足够长，用RSA加密的信息实际上是不能被破解的。

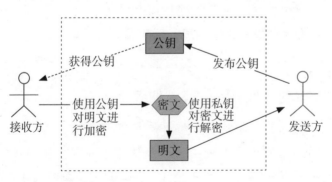

◆非对称加密算法流程图

3.2
量子加密

信息安全的量子答案——量子通信

当今信息时代,保密成了与每个人的隐私和安全息息相关的重要问题。如果你的银行卡密码被盗,或者电子邮箱被攻破,会给你带来财产损失或其他一系列麻烦。如果是一个群体、一个国家遇到信息安全问题,其破坏性影响将不可估量,比如银行结算系统、全国性输电网络、军事信息系统等。这样看来,人类社会对于信息安全的追求是无止境的,对信息的攻与防也许永不会落幕。

在量子时代,原本看似牢不可破的经典RSA加密的安全根基被动摇了。RSA加密算法建立在大数因数分解的计算复杂性基础之上。然而,一旦量子计算机出现,量子算法可以很容易把大数因数分解,这本来是经典计算机几乎做不到的事情。虽然也有一些经典加密算法号称不能被量子计算机破解,但一般认为,一旦量子降维打击出现,RSA加密就不再安全。在此背景下,量子密码术开始发展,其中最有代表性的就是量子密钥分发(QKD)。

◆ "墨子号"量子密钥通信机

　　量子密钥分发的理论基础之一是量子不可克隆原理，这是量子物理的一个重要结论，即不可能构造一个能够完全复制任意量子比特，而不对原始量子位元产生干扰的系统。不可克隆原理是量子信息学的基础。量子信息在信道中传输，不可能被第三方复制而窃取信息，而不对量子信息产生干扰。因此这个原理也是量子密码学的基石。

　　量子密钥分发是利用量子力学特性实现密码协议的安全通信方法。它使通信的双方能够产生并分享一个随机的、安全的密钥，来加密和解密消息。量子密钥分发的一个最重要的，也是最独特的性质是，通过量子叠加态或量子纠缠态来传输信息，如果有第三方试图窃听密码，由于量子不可克隆原理，通信的双方便会察觉到第三方的存在。让窃听者无从下手，一个有安全保障的密钥就可以产生了。

量子密钥分发只用于产生和分发密钥，并没有传输任何实质的消息。密钥可用于某些加密算法来加密消息，加密过的消息可以在标准的经典信道中传输。所以，量子密钥分发会有两个信道，一个是量子信道分享密码，一个是经典信道传送密文。量子密钥分发最常见的相关算法就是前文提到的一次性密码本，如果使用保密而随机的密钥，这种算法是具备可证明的安全性。在实际的运用中，量子密钥分发常常被拿来与对称密钥加密的加密方式一同使用。

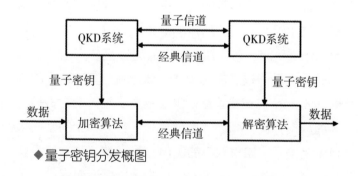

◆量子密钥分发概图

一个典型的量子通信协议——BB84 协议

1984年，查尔斯·贝内特（Charles Bennett）和吉勒·布拉萨（Gilles Brassard）提出了国际上的

首个量子密钥分发协议，后来被称为BB84协议。发送方（通常称为Alice）和接收方（通常称为Bob）用量子信道来传输量子态。如果用光子作为量子态载体，对应的量子信道可以是光纤或者简单的自由空间。另外，它们还需要一条公共经典信道，比如无线电或互联网。公共信道的安全性不需考虑，BB84协议在设计时已考虑到了两种信道都被第三方（通常称为Eve）窃听的可能。

BB84协议的具体流程如下：①单光子源产生一个一个的单光子；②发送方Alice 使用偏振片随机生成垂直、水平、+45°或-45°的偏振态，将选定偏振方向的光子通过量子通道传送给接收方Bob；③Bob随机选用两种测量基测量光子的偏振方向；④Bob 将测量结果保密，但将所用的测量基通过经典通道告知Alice；⑤Alice 对比Bob选用的测量基与自己的编码方式，然后通过经典信道告诉Bob哪些基和它用的不同；⑥Bob 扔掉错误基的测量结果（统计上会扔掉一半的数据）；⑦Alice 和Bob选取一部分保留的密码来检测错误率，如果双方的0、1序列一致，则判定没有窃听者Eve窃听，剩下未公开的比特序列就留作量子密码本。

表　BB84协议举例

Alice 选择的加密基	B_1	B_2	B_1	B_2	B_1	B_1	B_1	B_1	B_1	B_1
Alice 发送的密钥序列	1	1	0	0	1	0	1	1	0	1
Alice 发送的量子比特串	$\lvert\uparrow\rangle$	$\lvert\nwarrow\rangle$	$\lvert\rightarrow\rangle$	$\lvert\nearrow\rangle$	$\lvert\uparrow\rangle$	$\lvert\rightarrow\rangle$	$\lvert\uparrow\rangle$	$\lvert\uparrow\rangle$	$\lvert\rightarrow\rangle$	$\lvert\uparrow\rangle$
Bob使用的测量基序列	B_1	B_2	B_2	B_2	B_1	B_1	B_2	B_1	B_1	B_2
Bob的测量结果	$\lvert\uparrow\rangle$	$\lvert\nwarrow\rangle$	$\lvert\nearrow\rangle$	$\lvert\nearrow\rangle$	$\lvert\uparrow\rangle$	$\lvert\rightarrow\rangle$	$\lvert\nearrow\rangle$	$\lvert\uparrow\rangle$	$\lvert\rightarrow\rangle$	$\lvert\nearrow\rangle$
Alice和Bob比较测量基序列	√	√	×	√	√	√	×	√	√	×
Alice和Bob保存的量子比特	1	1		0	1	0		1	0	
Alice和Bob得到的密钥	1101010									

其中：B_1=[$\lvert\rightarrow\rangle$，$\lvert\uparrow\rangle$]，B_2[$\lvert\nearrow\rangle$，$\lvert\nwarrow\rangle$]；$\lvert\rightarrow\rangle$和$\lvert\nearrow\rangle$表示0；$\lvert\uparrow\rangle$和$\lvert\nwarrow\rangle$表示1

如上表所示，假设B_1偏振片检测水平、垂直为1，其余为0，B_2检测45°为1，其余为0，Alice要发送1100101101字符串。按照第一个字符看，Alice发送了垂直的偏振态，Bob随机选择B_1、B_2接收，这里Bob有幸选对，Bob再传回所用偏振片，这里是B_1，Alice收到后表示正确，因此保留此字符。按照第三个字符看，Alice发送了45°的偏振态，Bob随机选择了B_2，是个错误的选择，Bob传回所用偏振片，Alice收到后表示错误，因此，舍弃此字符。因此，最终的密码本为1101010。

诱骗态协议

诱骗态协议是应用最广泛的QKD方案，其解决了光子数分离（Photon-number splitting，PNS）攻击的难题。对比来看，BB84协议中一个重要的假设是 Alice 使用的是单光子源。然而实际系统中单光子源难以制备，通常使用的是弱相干光源，通过将激光光源衰减后获得。弱相干光源的光子数分布服从泊松分布，其中存在不可忽略的多光子成分。对于多光子成分，Eve 可以采取光子数分离攻击来窃听。

在诱骗态协议中，Alice 随机制备多种不同光强的相位随机化的弱相干脉冲，其中一种为信号态用于产生密钥，其余的为诱骗态。经过相位随机化后弱相干脉冲可以看作满足泊松分布的不同光子数态的混态，不同光强的弱相干脉冲中真空态、单光子态和多光子态比例不尽相同。通过计算可知，PNS 攻击中为了保持到达 Bob 端的光脉冲的光子数分布与未窃听的情况下一致，Eve 对多光子态的透过率的调节依赖于 Alice 使用的弱相干光源的光强和信道损耗。而 Eve 无法区分拦截到的光脉冲属于 Alice 调制的哪一种强度的相干光，因而无法根据光强对光子的通过效率进行不同的调节，从而无法保证不同强度的弱相干光到达 Bob 端的光子数分布与未窃听的情况下一致。因此，通过在信号态中混入诱骗态，Bob 可以根据探测到的各个强度相干态的统计结果的异常来判断是否存在 Eve 窃听。

测量设备无关 QKD 协议

  量子密钥分发允许两方在窃听者Eve存在的情况下生成公用的密钥。该密钥可用于诸如安全通信和身份验证之类的任务。但是，QKD的理论和实践之间存在很大差距。原则上，QKD可以提供由物理定律保证的无条件安全性。但是，实际的QKD无法实现理想模型中的假设，这使得它并不能完全保证安全。通过安全漏洞，特别是探测器中的缺陷，现在已经可以针对商业QKD系统发起各种攻击。为了使理论与实践再次联系起来，提出了例如诱骗态协议、测量设备无关QKD（MDI-QKD）协议等。MDI-QKD协议是一种更简单、更具优势的协议，它消除了所有检测器侧通道，可以说是实现过程中最关键的部分，并展示了它出色的安全性和性能。此外，即使在MDI-QKD协议中使用传统激光二极管，它的通信距离也几乎是传统量子密钥分发系统的两倍。

  简单来说，在MDI-QKD协议中，Alice和Bob准备任意BB84偏振态的随机弱相干脉冲，并且将它们发送给不受信任的第三方（通常称为Charlie）。Charlie为了将接收到的信号变为贝尔态会执行一个贝尔态测量，而从这个贝尔态测量的结果，Charlie无法得到任何关于Alice和Bob发送的量子比特信息。

3.3
量子通信

量子隐形传态

量子隐形传态（Quantum teleportation）是一种利用分散量子纠缠与一些物理信息的转换来传送量子态至任意距离的技术，这是一种全新的通信方式。它传输的不再是经典信息，而是量子态携带的量子信息，在量子纠缠的帮助下，待传输的量子态如同经历了科幻小说中描写的"超时空传输"，在一个地方神秘地消失，不需要任何载体的携带，又在另一个地方神秘地出现。

量子隐形传态的基本原理，就是对待传送的未知量子态与EPR对的其中一个粒子实施联合贝尔基测量，由于EPR对的量子非局域关联特性，此时未知态的全部量子信息将会"转移"到EPR对的第二个粒子上，只要根据经典信道传送的贝尔基测量结果，对EPR对第二个粒子的量子态施行适当的幺正变换，就可使这个粒子处于与待传送的未知态完全相同的量子态，从而在EPR对第二个粒子上实现对未知态的重现。

量子隐形传态的过程如下图所示：首先要求接收方和发送方拥有一对共享的EPR对，发送方对自己所拥有的一半EPR对和所要发送的信息所在的粒子进行联合测量，这样接收方所拥有的另一半EPR对将在瞬间塌缩为另一状态（具体塌缩为哪一状态取决于发送方的不同测量结果）。发送方将测量结果通过经典信道传送给接收方，接收方根据这条信息对自己所拥有的另一半EPR对作相应幺正变换即可恢复原本信息。

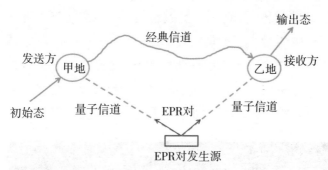

◆量子隐形传态原理图

量子纠缠

量子纠缠（Quantum entanglement），由爱因斯坦、波多尔斯基、罗森于1935年提出。量子纠缠描述了两个或多个互相纠缠的粒子之间的一种"神秘"的关联，即使各自相隔距离遥远，之间也没有任何介质，但是其中一个粒子的行为将会影响到另一个粒子的状态。假设其中的一个粒子被操作而自身的状态发生了变化，那么另外一个粒子也会发生相应的变化，这些粒子不是独立的粒子，而是一个不可分割的整体。在纠缠中，系统的一个组成部分不能在不考虑其他部分的情况下被完全描述。

量子纠缠被认为是量子形式论中最为非经典的特征，在量子信息科学中起着至关重要的作用。2005年，中国科学技术大学潘建伟、彭承志等研究小组在合肥创造了13 km的自由空间双向量子纠缠拆分、发送的世界纪录，同时验证了在外层空间与地球之间分发纠缠光子的可行性。2007年开始，中科大-清华大学联合研究小组在北京架设了长达16 km的自由空间量子信道，并取得了一系列关键技术突破，最终在2009年成功实现了世界上最远距离的量子态隐形传

◆ "墨子号"模型

输，证实了量子态隐形传输穿越大气层的可行性，为未来基于卫星中继的全球化量子通信网奠定了可靠基础。2017年6月16日，量子科学实验卫星"墨子号"首先成功实现两个量子纠缠光子被分发到相距超过1200 km的距离后，仍可继续保持其量子纠缠的状态。

当前的各类通信主要是通过电磁波或光纤的方式进行，由于传输距离基本未超出太阳系，所以通信速度基本能够实现全球"同步"直播。但确切来讲，任何类型的资料通过当前的信息传输介质传播，都需要一段时间才能到达最终的接收方，只是用时较短导致人类的感官难以察觉分辨而已，距离真正的"即时通信"还存在技术手段上的硬伤。然而，量子纠缠现象为即时通信提供了可能性。简单来说就是，处于纠缠态的两个粒子，即使距离再遥远，当其中一个粒子被测量或者被观测，此时与之纠缠的另一个粒子的状态也会随之发生即时的改变。因此，利用这一现象，我们可以通过操纵其中一个粒子的方式引起相互存在纠缠关系的其他粒子的状态发生"即时"变化，从而完成任意两点之间的信息传送。

量子中继和存储

量子中继是为了克服光子在光纤传输过程中的损耗，延长量子信息的传输距离而设置的中间器件，它是用来实现超远距离量子通信的关键器件。量子中继的基本原理是采用分段纠缠分发与纠缠交换相结合来拓展通信距离，其核心是量子存储技术。量子存储可以实现量子信息的同步，具备存储功能的量子中继可大幅提升纠缠连接效率，延长量子通信距离。为了满足远距离量子中继的实际需求，量子存储器需要对单量子态进行长时间存储并且具备高读出效率。

量子存储器是可以存储量子态信息并可按需读取的量子器件。与经典存储器不一样的是，量子存储器是用来存储量子态信息的，并且信息是无法被复制的。经典信息的编码方式是0和1，但是量子态信息的编码方式可以是|0⟩和|1⟩或其叠加态等。对于单光子，它可以通过偏振、轨道角动量、相位以及频率等进行编码量子态信息。

量子存储器的主要指标有存储效率、存储寿命、存储保真度、存储带宽、存储模式容量以及工作波长等。存储器的指标会因不同的存储协议和研究体系而存在差异，每个存储协议和体系都有各自不同的指标特点。有研究表明，在基于中继器的量子网络中，实现有效的纠缠分发所需要的时间会随着存储效率的降低而大大增加。例如，每1%存储效率的降低则意味着10%~14%的时间成本的增加。目前，在实验上实现最高存储效率的是广东省量子调控工程与材料重点实验室，他们在冷原子系综里利用电磁诱导透明存储协议实现了90.6%的单光子存储效率,对单光子进行信息编码后获得了高于85%的存储效率,这一结果是目前世界最好水平。

中国"墨子号"——全球首发的量子卫星

"墨子号"量子科学实验卫星是世界首颗量子科学实验卫星,质量为631kg,设计寿命两年。该项目为中国科学院空间科学先导专项项目之一,由中科院国家空间科学中心负责,于2011年12月立项。2016年8月16日1时40分,"墨子号"量子卫星于酒泉卫星发射中心搭载"长征二号丁"运载火箭发射升空,成为全球第一颗设计用于量子科学实验的卫星。

◆ "墨子号"量子卫星成功发射

2017年6月16日，"墨子号"成功实现两个量子纠缠光子被分发到相距超过1200 km的距离后，仍继续保持其量子纠缠的状态。2019年，"墨子号"整体实验设计获得克利夫兰奖。该卫星被命名为"墨子号"，是为了纪念我国战国时期思想家、教育家、科学家、墨家学派的创始人墨子在物理学尤其是光学领域的突出成就，在他所著的《墨经》中归纳出"光学八条"。其中包括两千多年前，墨子进行了世界上最早的小孔成像实验，最先发现了光沿直线传播这一光学领域最重要的科学原理，奠定了光通信的基础。以科学先贤为科学卫星命名以彰显研发国家的文化和科学成就，亦是国际惯例。

　　"墨子号"在轨运行两年期间执行了四项实验任务以达成两大科学目标：进行经由卫星中继的"星地高速量子密钥分发实验"，并在此基础上进行"广域量子通信网络实验"，以期在空间量子通信实用化方面取得重大突破；进行"星地双向纠缠分发实验"与

◆ "墨子号"与地面通信接收站进行通信实验

"空间尺度量子隐形传态实验"，开展空间尺度量子力学完备性检验的实验研究。这四项实验皆为世界上首次开展，卫星同时会透过高速相干激光通信机开展与地面通信接收站之间的实时"星地双向激光通信技术演示实验"，速率可达5Gbps。

中国量子通信应用范例——京沪干线

京沪干线是我国首条量子保密通信干线，实现了连接北京、上海，贯穿济南和合肥的全长超2000 km的量子通信骨干网络。其于2013年7月立项，2016年11月建成，2017年8月底在合肥完成了全网技术验收，2017年9月29日正式开通。位于京沪干线上的金融、政务等机构可利用这一广域光纤量子通信网络进行保密通信。

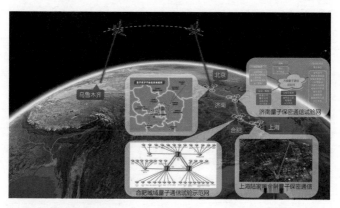

◆京沪干线示意图

2014年1月12日，量子通信京沪干线初步方案及概算通过评审。2017年9月4日，"国家量子保密通信京沪干线技术验证及应用示范项目技术验收评审会"在中国科学技术大学举行，评审专家组听取项目建设情况和分系统验收情况，经质询和讨论认为项目已完成了预期的技术验证和应用示范任务，同意通过总技术验收。这意味着世界首条量子保密通信骨干网已经具备开通条件。京沪干线项目突破了高速量子密钥分发、高速高效率单光子探测、可信中继传输和大规模量子网络管控等关键技术，搭建了连接北京、济南、合肥、上海的全长2000余千米的量子保密通信骨干线路。全线路密钥率大于20kbps，与"墨子号"量子科学实验卫星兴隆地面站的连接，全线密钥率大于5kbps。2017年9月29日，京沪干线正式开通，并结合"墨子号"量子卫星，中国与奥地利科学家实现了世界首次洲际量子保密通信。

量子网络

量子网络是一类遵循量子力学规律进行量子信息处理的物理装置。量子网络的愿景是通过实现地球上任意两点之间的量子通信，从根本上增强互联网技术。这样一个量子网络可以与现有的互联网并行运行，通过连接一些量子处理器，能实现超越经典信息无法实现的功能。量子网络包括量子节点、量子信道和量子中继等关键器件。量子节点仕仕是具备量子信息接收、处理和存储等功能的设备，它可以是一台量子计算机，也可以是天上的卫星等。量子信道是实现量子信息传递的通道，对于光量子信息网络来说，传输信道可以是光纤，也可以是自由空间。

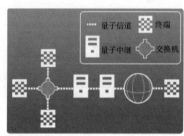

◆量子网络构想图

迄今为止，世界上还没有真正意义上的量子网络，也很难预测未来量子网络的所有用途。目前，已经确定了几个主要应用，包括安全通信、时钟同步、扩展望远镜的基线、安全识别、量子传感器网络，以及安全访问远程量子云中的计算机等。所有这些应用的核心是量子互联网具有传输量子比特的能力。在量子网络的物理实现上，国内外各研究团队结合不同物理体系的优势，已经实现了简单少节点的量子网络。但这些简单的网络目前仍然只是停留在实验室验证阶段，距离量子网络的实际构建还有一段距离。目前已经提出的方案主要集中在原子和光腔相互作用、冷阱束缚离子、电子或核自旋共振、量子点、超导量子线路等物理体系。目前各个体系具有各自不同的优势和缺点，现在还很难确定哪一种方案或物理体系更有前景。目前比较明确的方向是，真正具备完善功能的量子网络将会是各种复杂体系的结合，而非单一物理体系。

第四章　引力波探测

　　量子效应往往存在于极其微小的单个原子系统和极其精细的物理过程之中，会展现出与经典物理不同的全新运行规律。因此，利用基于量子效应所发展的操控和测量技术，可以对真实世界中的物理系统和过程进行高精度的量子调控和量子精密测量。目前，该技术已经在时间的超高精度测量、物理常数的精密测量、高稳定高精密定向陀螺仪、微弱电磁场可溯源高精度测量等方面取得重要的进展。下面，我们将以引力波探测的发展过程为例，向大家展示随着量子技术的发展，精密测量在科学研究以及日常生活中取得的重要成果。

20世纪初，爱因斯坦提出的相对论给近代物理的发展带来了革命性的影响，为了将相对性原理拓展到非惯性参考系，爱因斯坦提出和发展了广义相对论。广义相对论为人们认识时空和时空的结构带来了全新的视角，同时也让我们从时空结构的角度重新认识了引力：物质（能量）的分布决定了时空如何弯曲，弯曲的时空又反过来决定了物质如何在其中运动。因此，在广义相对论中物质及其运动是由一个引力场方程进行描述。

通过求解引力场方程可以预言水星近日点的剩余进动、引力红移、光线偏转以及引力波的存在，其中前三种预言已经通过精细的经典实验测量被证实，而引力波信号的首次实验证实却直到2015年才获得成功，其中主要原因之一是引力波所带来的可观测物理效应极其微弱，只有利用量子精密测量技术，引力波的实验测量才成为可能。

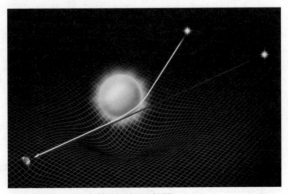

◆太阳附近的光线偏转示意图

20世纪初，爱因斯坦通过求解引力场方程预言了引力波的存在。然而，最初的引力波解依赖于坐标选择，曾一度被认为是一种时空坐标的效应，不具有实验可探测的价值。随着广义相对论研究不断取得进展，20世纪中叶，人们发展出了与坐标无关的引力波理论，证明了引力波的存在不是时空坐标的效应，并进一步证明了引力波携带能量，可以引起物质的运动，因此可以通过设置检验物质探测其所具有的物理效应。至此，引力波的探测有了严格可靠的理论基础，对引力波物理性质以及实验探测的研究才开始蓬勃发展。

　　此后，科学家们在引力波探测方面历经了60余年的不懈努力。得益于量子物理所带来的激光技术及其探测技术的发展，科学家们可以不断改进引力波探测器的探测精度并且不断针对可能的引力波波源进行

◆中子星合并示意图

探测，终于在2015年第一次成功探测到了由宇宙深处的两颗中子星合并所激发并传播到地球的引力波信号。引力波信号的成功探测极大地推动了引力波相关理论和实验研究快速上升到一个新的台阶，因此这项研究成果也在发布仅仅一年后就被迅速授予了2017年的诺贝尔物理学奖，该奖项由主导建立激光干涉引力波探测器（LIGO）的三位科学家共同获得。

4.1
引力是什么

　　物理在学科开始之初就给力作出了定义：物体与物体之间的相互作用，这足以见得力在自然科学研究中的基础地位。力以及与其有关的现象，如物体的运动等是日常生活中的常见现象，我们在日常生活中能接触到的力的种类也非常丰富，例如经常提到的重力、拉力、压力、摩擦力、吸引力、排斥力等，这些名称有些是根据力产生的基本属性命名，有些则是根据力所能产生的效果命名。从力的属性出发，自然界只存在已知的四种基本相互作用力：强相互作用力、弱相互作用力、电磁相互作用力以及万有引力。其中前两种力主要存在于原子核尺度，是近一个世纪才被发现，后两种力是与我们日常生活息息相关，因而也是最早被研究的力。

　　万有引力是在人们的日常生活中随时随地存在，且起到重要作用的基本力之一，其具体的表现形式也是多种多样。例如，生物能在地球的表面生存而不会因为地球自转被甩开，舰艇可以因为水的浮力漂浮起来，水电站可以利用水的重力势能发电，以及月亮能稳定地环绕地球运动和宇宙中其他星体的相互绕转等，都是万有引力导致的结果和客观存在的证据。历史上，人们对力的认识，尤其是地球对其上的物质产生的吸引力的理解经历了几个重要的发展阶段。

著名的古希腊哲学家亚里士多德从日常生活的经验直觉出发曾提出：力是推动物体运动的原因。这一学说看似十分符合我们对客观世界的大部分直觉，然而无法解释一些重要的物理现象，比如宇宙中的星体为什么可以不停地运转而没有直接的力的推动。

◆伽利略在比萨斜塔进行自由落体实验

人们对力的认识的一次重要进展是意大利物理学家伽利略通过传说中著名的比萨斜塔自由落体实验发现了自由落体定律：将两个重量不同的铅球在比萨斜塔上从相同的高度同时扔下，发现两个铅球几乎同时落地。这个结果推翻了亚里士多德学说所预测的结果：重的物体会先到达地面。进一步，伽利略通过小球在两个底端相连的斜坡上往返运动所能到达的不同距离这个著名的思想实验，证明了物体维持自己的运动状态不需要额外的力推动，而做自由落体运动的物体到达地面时的速度的平方与下落高度成正比。

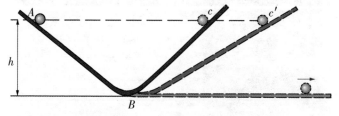

◆伽利略的思想实验——斜面实验

此后随着天文望远镜技术的发展，天文物理学家第谷、哥白尼以及开普勒等人精确地测量和分析了大量的天文观测数据。人类对天体的相互绕转等运动轨迹和规律在定量和精确性方面都有了质的飞跃和发展，日心说、开普勒三定律等革新观念以及定量的客观规律不断被提出和发现。这些进展都为人们探究这些运动规律的根本原因——引力的性质起到了关键作用。

英国物理学家牛顿在已有的天文观测以及日常物理现象的基础上，为力与物体的运动之间的关系以及引力的性质提出了一种极其优美的科学描述，即牛顿力学，包括牛顿三大运动定律以及万有引力定律。牛顿在其经典巨著《自然哲学的数学原理》一书中详细地展示了他是如何通过观察和总结客观世界的物理过程，从而建立起上述经典物理学中最重要的基石之一。

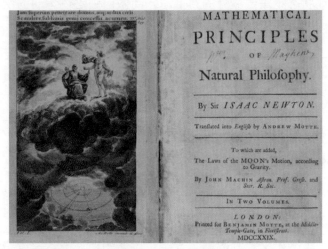

◆牛顿的著作《自然哲学的数学原理》

　　牛顿第二运动定律描述了施加在一个物体上的力的方向与物体的加速度方向相同，力的大小与物体运动状态的关系是：

F=ma

　　牛顿的万有引力定律告诉我们任何两个物体*M*与物体*m*之间都存在着引力的相互作用，物体*M*所受到的引力方向指向物体*m*，物体*m*所受到的引力方向指向物体 *M*，而引力的大小是：

$$F_{引}=G\frac{Mm}{r^2}$$

根据上述两个定律，基本可以对物体在引力作用下的运动状态进行定量和精确描述。与此同时，通过对比上述两个定律，我们也很容易发现一些仍然需要进一步探索和回答的问题。比如，两个相距一定距离的物体怎么相互产生力的作用？物体在万有引力相互作用中的质量（通常叫作引力质量）大小和牛顿第二定律中的质量（通常叫作惯性质量）是否在本质上相同？物体m的存在和物体M所受到的加速度之间是否有某种等价关系？

现在，我们引入在研究物体运动状态的过程中不可避免的基本概念——参考系，包括惯性参考系和非惯性参考系。正是伴随着对参考系与物理运动状态之间关系的深入理解，我们才对时空以及对引力的性质有了更深刻和本质的认识。

牛顿力学中，物体的运动状态是通过物体的位置随时间的变化进行描述的，因此如何定量和准确地描述物体在某一时刻所处的位置具有重要的基础意义。一种简洁且直观的描述方式是在物体所处的空间中画上均匀的网格，选取物体的中心点作为物体位置的代表，并且约定这个均匀网格中的某个格点作为起始点，通过数物体的中心点距离起始点的格子数目，我们可以准确地描述物体在某一时刻所处的位置。进一步说，通过分析物体在不同时刻所处位置的改变，对物理的运动速度以及加速度进行描述。

　　牛顿力学认为宇宙中存在一个静止的绝对参考系，因此所有物体的运动状态都有一个绝对的准确描述，这个参考系可被称为绝对参考系。当我们在地球上的实验室进行物理实验时，会根据便利性选择自己的网格以及网格起始点去描述物体的运动状态。例如选择与实验室相对静止的网格而将网格的起始点约定在实验室中某个测量尺的0刻度线处，可称其为实验室参考系。如果我们自己选择的网格与这个绝对参考系相对静止，那么我们在实验室参考系中看到的物体运动状态与绝对参考系中的运动状态是相同的。相当于我们在百米跑道的起点和终点分别观看同一场短跑比赛，看到的运动员成绩以及路线是相同的，而这样的参考系，我们称之为惯性参考系，简称惯性系。

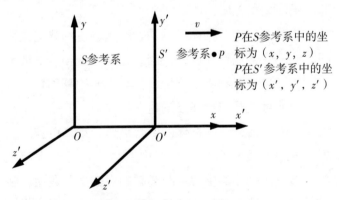

◆牛顿力学中平直时空构成的惯性参考系

另外一种参考系也是惯性系，即相对于绝对参考系做匀速运动的参考系。对于这种惯性系，我们在日常生活中也有着非常多的直观认识。例如，在一辆非常平稳行驶的火车中，我们会发现已知的物理现象和过程在车中并没有不同。在这种时空观下，不同惯性参考系中的物理量，例如质量、速度和位置等，可以通过简洁的伽利略变换方便地联系起来，如上图伽利略坐标变换为$x=x'+vt$，$y'=f',z=z',t=t'$。对于大部分日常生活中的运动问题，牛顿力学能给出足够好的解决方法。然而，当我们考虑一些特殊情况时，例如两个惯性参考系之间的相对运动速度接近光速，根据伽利略变换，我们会很容易得到超光速等现在已知荒谬的结论。

针对牛顿力学在高速情况下遇到的问题，爱因斯坦基于光速不变原理提出了狭义相对论。然而，狭义相对论仅适用于惯性参考系，为了能处理更普遍的情况，爱因斯坦通过等效原理将相对论的思想拓展到非惯性参考系即广义相对论，最终得到了著名的爱因斯坦场方程，革命性地改变了人类对时间和空间的认识。在广义相对论中，时空不再仅仅是研究物体运动的背景，而是真实的物理存在，可以被具有质量的物体扭曲改变，而其中的物体运动则由时空的形状决定。基于此，引力这种神奇的力是时空被物质扭曲而表现出来的物理效应。

◆广义相对论中质量可以扭曲时间和空间

　　爱因斯坦场方程的提出为定量研究物质和引力的相互作用建立了严格模型，并预言和解释了多种天文观测现象，例如水星近日点的剩余进动和引力透镜效应，也为开展引力波研究提供了可用的理论基础，并直接预言了引力波的存在。根据该模型，质量或能量分布随时间变化，大质量天体系统都有可能是引力波的发射源。目前，宇宙中很多的体系都是潜在的引力波源，例如双星绕转系统、黑洞的形成和吞噬星体过程、超新星爆发、中子星的形成和沸腾阶段、旋转的中子星以及充满神秘色彩的宇宙大爆炸过程等。

引力波是怎么回事

通过日常生活的经验以及中学物理的学习，我们对波动已经有了一定的认识。例如，水面上高低不平的且随时间变化传播的纹理是水波，声带振动可以周期性地挤压周围空气而形成在空气中传播的声波，声波也可以通过周期性地挤压耳膜而被听到；语音通话过程是将声波转换为电磁波，再转换为声波而完成的，其中的电磁波是电场和磁场在空间中不均匀分布且随时间变化而形成。可以说，波是我们日常生活中接触最为广泛的运动形式之一。

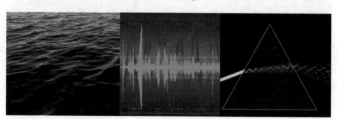

◆生活中的各种波动：水波、声波、电磁波

我们可以简单地联想和类比：如果能产生引力的物质在空间中不均匀地分布且空间分布随时间变化，其所形成的能传播的周期性引力分布也会因此成为一种波，即引力波。因此，引力波也往往被形象地称为时空的涟漪。根据理论模型，如果一个体系的质量或能量分布随时间变化而存在四极矩或更高极矩的变化形式，则该体系就可以向外辐射引力波。我们已知的宇宙存在着丰富的大质量天体系统，其质量分布形式复杂多样，因而自然而然地存在着多种多样的变化形式。因此，我们所生存的宇宙中，引力波会像水波、声波、电磁波一样几乎无处不在。

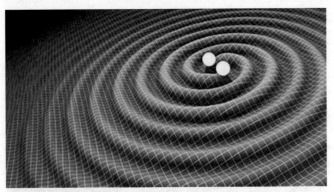

◆双天体绕转产生的引力波（假想图）

　　波是生命体和环境交互信息的重要途径之一，也是生存的必备手段。例如，对声波和可见光波段的电磁波的感知能力构成了生命体的听觉和视觉系统，是生命体传递信息、躲避危险等赖以生存的基本能力之一。随着自然科学研究的发展，人们通过加深对波的研究和操控，发展了诸多的新技术，为社会生产、生活带来了深刻的变革。在科学研究方面，通过对电磁波的研究，科学家们通过对各种波段电磁信号的探测更全面地研究和认识了整个宇宙。由于类似声波的机械波无法在高真空的星际空间中传播，电磁波也成了我们从宇宙空间获取信息的唯一方式，也是目前我们认识和了解宇宙的唯一方式。

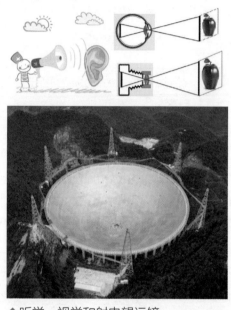

◆听觉、视觉和射电望远镜

如果类比生命体的视觉，通过电磁信号对宇宙进行研究可以认为是我们在利用各种电磁设备"看"这个宇宙。通过"看"来研究整个宇宙固然是重要的方式，然而由于电磁波在宇宙空间中的传播会受到各种天体所带来的吸收、散射以及复杂的引力体干扰，很多的宇宙现象无法用此方法研究，例如光无法逃脱的黑洞以及理论预言所存在的暗物质和暗能量等。引力波作为时空本身的周期性变化，在宇宙空间中的传播和各种天体相互作用耦合都很弱，更不容易被吸收和散射，因此也能传播得更远。由于各种有质量的天体，尤其是大质量天体系统，都潜在地会向外辐射引力波，这使得引力波成为非常具有潜力的研究各种宇宙天体的方式。

引力波理论告诉我们，引力波的存在会使得其传播路径中的有质量物体产生周期性的位置移动。这很容易让我们联想到生命体的听觉是通过耳膜感受空气振动来接收声音信息。因此，如果我们能制造出感觉引力波所带来的物体的振动，那么我们就可以听到这种回响在宇宙中的"声音"，也可以为我们研究宇宙带来全新的方法，即现在已经在蓬勃发展的引力波天文学。在半个世纪以前，当理论上预言了引力波的存在，科学家们就一直渴望着可以通过引力波对宇宙开展研究，期待着有一天可以在地球上欣赏这场由整个宇宙演奏，而且在整个宇宙不断回响的恢宏交响乐。

至此，我们不得不提到宇宙演化中的重要阶段：宇宙大爆炸。一方面，理论研究表明，在大爆炸过程中产生了各种物质以及电磁波等能量形式。然而在这个阶段，物质和能量处于高温高密度的状态，所产生的电磁波等与物质有着极强的相互作用，被紧紧束缚在物质内部而无法辐射出来，因此留给我们可探测的信号少之又少。目前，已知的宇宙微波背景辐射就和这个阶段发生的物理过程紧密相关。另一方面，理论研究也指明在宇宙大爆炸之后的 10^{-43}s就有引力波产生。在宇宙爆胀阶段以及从爆胀阶段到以辐射为主的膨胀阶段都有着不同特征的引力波产生，这些引力波被统称为原初引力波。由于引力波与物质耦合弱的特点，可以预计这些引力波从宇宙产生之初就很好地保留下来，并且在整个宇宙中不断传播和回响。

想象一下，坐在地球上张开探测引力波的"耳朵"，我们可以安静地聆听绵绵不绝的宇宙诞生之初那些稚嫩的"声音"，这将是多么美妙的体验和享受。因此，对引力波开展更深入的研究将成为科学发展史上不可或缺的前沿研究之一。

引力波的形式当然不会简单地相似于我们熟知的水波、声波以及电磁波等。引力波是横波，具有两种偏振状态。

通过设计合适的探测器系统，可以通过探测器中的感应物体（也称为检验质量）的位置移动，来探测到具有上述偏振状态的引力波。除了具有特殊的振动模式，也可以估算宇宙中存在的引力波的传播速度、强度和振幅。根据典型的天体系统的质量分布，可以估算得到引力波的强度非常弱，比电磁相互作用，还要小38个数量级。以典型的天体质量估算，引力波的振幅可以达到10^{-12}m量级，例如相距4km的两个检验质量物体如果受到上述引力波作用，它们之间的相对距离改变仅仅为10^{-18}m。

典型的引力波是由大尺度的天体系统产生，其波长的尺度往往与引力波源的尺度可以相比拟，因此具有非常大的波长。考虑到引力波是由物质源的变化造成的引力场扰动以及这种扰动由近及远地传播，同时由于其与物质的相互作用较弱，所以引力波应该是以光速在星际空间传播的。因此，虽然具有较大的波长，但是引力波的频率往往处于有限的范围，甚至和典型的低频声波以及次声波频率接近。如果在地球上"听"引力波，由于引力波源距离地球较远，到达地球的引力波已经非常接近平面波了，所以可以认为在整个地球的范围内，我们可以探测到的引力波是相同的。

虽然作为一种全新性质存在的波，引力波仍然是一种"经典"波，目前科学家们仍然在努力尝试寻找成熟的引力场量子化理论，至于是否存在引力波对应的量子化理论，仍然需要整个科学界努力，相信在不久的将来，各位读者也有机会在该问题上作出自己的创造性贡献。

4.3
引力波探测

　　我们已经了解到宇宙存在着众多的引力波源无时无刻不在向外辐射引力波，同时宇宙大爆炸期间的原初引力波也一直在宇宙间演奏和回响着。地球作为宇宙中一颗普通的天体，也时时刻刻经受着各种引力波的洗礼。但想要在地球上探测到引力波并非易事。是否能建造出引力波探测器必然是人类文明发展中重要的技术水平证明。同时该技术也潜在地将为人类科学技术发展和实现对万有引力的操控、利用发挥关键作用。

　　引力波的实验探测代表着当代科学发展的前沿之一。首先，经过接近一个世纪的发展，引力波相关理论已经较为完整成熟。根据该理论，已经明确知道引力波携带有能量，会使得其传播路径中的有质量物体产生周期性的位置移动，这就从理论上为我们设计引力波探测器提供了扎实且关键的支持。然而，理论所预言的引力波振幅同时也为引力波探测器的设计设置了极其严苛的要求。相较于目前人类已有的各种探测器，引力波具有波长尺度大且强度极其微弱的特点，即使是引人注目的大型天体制造的天文事件所产生的引力波，我们也无法轻易地"听"清楚它。建造这样一个探测器也是接近当前科技水平的极限挑战。

历史上，在引力波被理论确认存在之后，第一个尝试开展引力波探测的科学家是美国马里兰大学的约瑟夫·韦伯(Joseph Weber)教授。韦伯是一位优秀的实验物理学家，曾经为激光的发明作出重要贡献。根据理论，引力波的到来会引起其中的物体

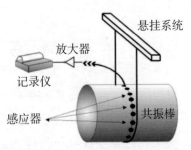
◆共振棒引力波探测器示意图

发生形变，他由此设计制造一个可以探测到引力波的铝棒。通过设计铝棒的材料、外形和尺寸等让铝棒可以和引力波共振，增强对引力波的探测能力。

引力波的振幅极其微小，任何的环境振动噪声都会对测量造成干扰，因此韦伯教授进行了复杂的环境噪声屏蔽工作。例如，将共振棒探测器放置在真空中，并利用精巧的机械结构将整个装置悬挂起来，通过真空和精密的机械支撑结构来最大限度地隔绝地面和环境声波带来的振动噪声。此外，由于共振棒的形变是通过十分灵敏的压电感应器进行探测，整个装置还进行了精密的电学屏蔽以避免环境电磁场对探测信

号的干扰。压电探测器不间断地监测共振棒的机械振动，引力波到来所能引起的共振棒振动可以被感应器完整记录下来。

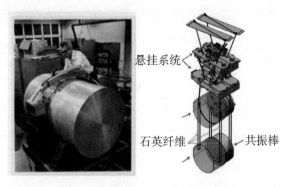

悬挂系统

石英纤维 共振棒

◆韦伯正在安装压力感应器以及隔振系统

然而，尽管韦伯教授精心隔离了各种噪声干扰，由于共振棒探测器灵敏度很高，它还是受到很多未知外界因素的影响从而探测到复杂的假信号。考虑到到达地球的引力波在整个地球范围内几乎是平面波，且具有非常大的波长，为了排除局部环境的影响，韦伯教授进一步提出在相距较远的地点同时放置探测器，如果能探测到相同的信号，则这些振动信号就与外界噪声无关，而极有可能是引力波引起的。基于此探测方法，韦伯教授曾在20世纪60年代末至70年代初发表了一系列论文声称探测到了引力波。这个结果在学术界引起了轰动，世界各地的研究人员纷纷开展了共振棒探测引力波的实验，然而未能重复和证实韦伯教授的结果。

虽然共振棒探测器的实验结果出现了偏差，然而这些实验还是敲开了引力波探测的大门，极大地鼓舞了科学家们继续攻坚。在接下来的20世纪70至90年代，世界各地的科研人员不断继续改进共振棒引力波探测器，例如通过冷却共振棒来降低材料本身的振动信号等，但也未能探测到引力波。

虽然在引力波的直接探测方面，科学家们遭遇了巨大困难，然而引力波存在的间接证据却首先在天体物理学领域被观测到。根据理论，大质量的致密天体，如黑洞、中子星等相互绕着高速旋转时，可以产生引力波。由于引力波携带能量，如果能测量出这些天体系统的能量损失速率，也可以间接地证明是否有引力波的存在。天体物理学家赫尔斯（R. A. Hulse）和泰勒（J. A. Taylor）在观测毫秒脉冲星时，发现其能量损失速率和理论预测的引力波所携带的辐射能量结果完全一致，间接证明了引力波的存在。这项研究成果也因此获得1993年的诺贝尔物理学奖。

间接证明引力波的存在，这对于引力波天文学的发展是重要和关键的第一步，然而对进一步推动和利用引力波的科学研究仍然是不够的，如何直接探测到引力波信号依然是重要的科学和技术问题。共振棒探测器虽然没能直接探测到引力波，但是给我们进一步设计更先进的引力波探测器点亮了一盏明灯。1969

年，麻省理工学院的韦斯(R. Weiss)教授在共振棒探测器的启发下，人胆提出了利用激光干涉来设计一种新的引力波探测器，即激光干涉引力波探测器。

激光干涉引力波探测器的基本工作原理：将一束激光利用光学分束器分成垂直传播的两束激光，两束激光分别沿着两条不同的路径（干涉臂）传播，然后会被放置在各自路径末端的镜片反射回来，反射激光在分束器位置相遇后会形成干涉条纹，而干涉条纹的明暗就对应着两条干涉臂的长度差别。

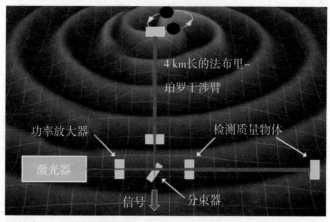

◆激光干涉引力波探测器工作原理示意图

将干涉臂末端的镜片像共振棒一样悬挂在隔振的环境下，引力波所引起的反射镜片的位置移动就会导致两臂长度的相对改变，进而引起条纹的明暗变化，通过灵敏地探测干涉条纹的亮度改变，我们就可以实时探测引力波的到来。但是，这样灵敏的探测器也更容易为各种环境噪声所干扰，因此共振棒探测器中所考虑的各种噪声因素，在激光干涉引力波探测器中需要被更加仔细地处理。

◆ LIGO的汉福德站点和利文斯顿站点

为了更灵敏地探测到引力波引起的微小位移，真实的引力波探测器往往选择的激光干涉臂长达千米，同时利用法布里-珀罗干涉仪的原理进一步增长有效干涉臂长度。例如，美国在汉福德和利文斯顿所建造的激光干涉引力波天文台（LIGO）所采用的激光干涉臂长度达到4km，而法布里-珀罗干涉仪进一步将其有效长度放大了接近100倍。在如此大的尺度上，LIGO的距离探测精度也达到了惊人的10^{-18}m的精确程度。

为了降低环境噪声的干扰，同时减少激光束在传播中被空气吸收、折射和散射等问题，LIGO中所有干涉装置都被放置在高真空环境中，并利用多级减振装置悬挂支撑。为了提高实验探测光强的相对灵敏度并降低噪声，整个装置的激光反射镜等光学器件的质量都采用了最先进的加工技术。当然，这样高的测量精度要求科学家们必须全面考虑到各种物理效应的影响，例如要考虑到激光在镜片上反射时对镜片产生的光压力，探测器探测弱光信号中涉及的各种量子噪声，光源所产生的激光的功率和频率噪声等，并做出相应的估计和处理。除此以外，在激光频率操控、光束形状的操控、功率再利用、光学器件的安装和微调、弱光探测以及电子信号的主动反馈控制等方面，LIGO也都进行了大量的技术开发。

经过10年的研发，第一代LIGO在2002年建成并投入运行，然而直到2010年仍未探测到引力波。通过进一步技术升级，高级LIGO（aLIGO）的探测精度被提高了4倍，并最终在2015年直接探测到了引力波信号，使得人类科学发展迈出了坚实的一大步。除了美国，世界上其他国家也建立了一系列不同规模的激光干涉引力波探测装置，例如法国和意大利合作的 Virgo、英国和德国合作的 GEO600、日本的 TAMA300等。

我国在半个多世纪的发展中也逐步在多个领域进入了科学研究的前沿阵地，其中量子物理和天文学更是不断产生新的突破。目前，大部分在建和设计的引力波天文台都建立在地表，我国在引力波探测方面也做出了自己的规划。我国的重大引力波探测工程"天琴计划"已经于2015年7月正式启动，部分关键技术研究已有具体进展。"天琴计划"是目前首个在太空中设计和建立的引力波天文台，相比地面的引力波天文台具有更长的干涉臂，有望以更高的探测精度开展引力波研究。

除了目前已经经过验证可以用于引力波探测的各种技术，新的量子精密技术也不断为提高引力波探测器的测量精度提供新的方案。目前的激光光源仍是经典的相干光，对其光强进行探测的信噪比受限于散粒噪声等基本物理过程，很难再进一步提高。而量子力学告诉我们，如果利用一些量子技术手段，例如光子的压缩量子态，我们就有可能将干涉仪中的光强噪声进一步降低而突破经典的散粒噪声极限。

虽然，目前建成的引力波天文台中的探测器已经逼近当前科学和技术水平的极限，然而在这些技术的研发中，随着我们不断地追求更精密的测量能力，新的科学和技术也不断地涌现，这也为科技发展带来新的动力。相信在不远的将来，量子精密测量技术的发展能使我们制造出灵敏度极高的"耳朵"，探听到更多的引力波细节，我们也可以坐在自己的地球家园中遥指着宇宙，讲述时间和空间所演绎出的精彩故事。